Der große
Kosmos-Naturführer
BÄUME

Roger Phillips

Der große
Kosmos-Naturführer
BÄUME

Über 500 Wald- und Parkbäume
in 1600 Farbfotos

Deutsche Bearbeitung von E. Brünig

KOSMOS

Aus dem Englischen übersetzt von Birgit Brünig
Bearbeitet von Eberhard Brünig

Titel der Originalausgabe: „Trees in Britain, Europe and North America"
1978 erschienen bei Macmillan Reference, ein Imprint von
Pan Macmillan Ltd., London, unter der ISBN 0-70063-5720-5
© für den Text und die Illustrationen bei Roger Phillips 1978
All rights reserved

Mit 1625 Farbfotos von Roger Phillips und
486 Umrißzeichnungen von John White
Unter Mitarbeit von Sheila Grant

Umschlaggestaltung von eStudio Calamar, Pau,
unter Verwendung von 6 Aufnahmen von A. Bärtels (1), H. E. Laux (2),
M. Pforr (1), E. Pott (1) und K. Wothe (1).
Die Bilder zeigen Stiel-Eiche (or), Weißdorn (ol, Ml), Kastanie (ul),
Lärche (uM) und Edelkastanie (ur).

Bibliografische Information der Deutschen Bibliothek
Die Deutsche Bibliothek verzeichnet diese Publikation in der
Deutschen Nationalbibliografie; detaillierte bibliografische Daten
sind im Internet über http://dnb.ddb.de abrufbar.

Gedruckt auf chlorfrei gebleichtem Papier

Die ersten 4 Auflagen erschienen unter dem Titel
„Das Kosmosbuch der Bäume".
5. Auflage 1992 unter dem Titel „Kosmos-Atlas Bäume"
6. Auflage 1998 unter dem Titel „Der große Kosmos-Naturführer Bäume"
7. Auflage, 2004
Für die deutschsprachige Ausgabe:
© 1980, 1992, 1998, 2004, Franckh-Kosmos Verlags-GmbH & Co.,
Stuttgart
Alle Rechte vorbehalten
ISBN 3-440-09720-X
Lektorat: Sonnhild Bischoff
Printed in Thailand / Imprimé en Thailande

Inhalt

Einführung

Bäume sind die gewaltigste und eindrucksvollste Schöpfung der lebenden Natur. Sie bringen Abwechslung in die Landschaft und bieten anderen Pflanzen und zahlreichen Tieren vielfältigen Lebensraum. Bäume und Wälder spielen eine wichtige Rolle in der Stammesgeschichte und kulturellen Entwicklung des Menschen.

Der verstädterte Mensch unserer modernen Industriegesellschaft schätzt Bäume und Wälder immer mehr als Ausgleich gegen den Zwang seiner technisierten, nüchternen Lebenswelt und als Quell der Erholung. Er braucht die Natur und beschäftigt sich mit ihr; sein Interesse wächst dadurch, und er möchte sein Wissen erweitern.

Wie oft stehen wir beim Spazierengehen vor einem Baum, dessen Name und Lebensgeschichte wir nicht kennen! Wer, außer dem Fachmann, vermag schon die wenigen Hauptbaumarten unserer Wälder einwandfrei zu erkennen, die Linde von der Ulme sicher zu unterscheiden, geschweige denn die Sommerlinde von der Winterlinde?

Wissenschaftliche Fachliteratur und hochspezialisierte Bestimmungsschlüssel helfen dem Naturfreund wenig, und leicht verliert er durch sie Lust und Freude am Bestimmen. Was fehlt, ist daher ein Werk, das keine Kenntnisse der eigentümlichen botanischen Fachsprache und der Systematik voraussetzt und doch in klarer Weise auch dem Ungeübten zu einer raschen, sicheren Bestimmung verhilft.

Diese Forderung ist in dem vorliegenden Buch auf einmalige Art verwirklicht. Man vergleicht das Blatt eines Baumes mit den im Buch farbig abgebildeten Blättern. Stimmt dort eine Form mit dem lebenden Blatt weitgehend überein, so schlägt man die angegebene Seite auf und prüft weitere Merkmale: die Baumform, die Zweige, möglichst mit Blüten oder Früchten, und die Rinde. Stimmen auch sie überein, so hat man die richtige Baumart gefunden, und der fragliche Baum ist bestimmt. Wo aber Differenzen auftreten, muß man das Blatt erneut vergleichen und sehen, ob nicht ein anderes ebensogut oder besser paßt.

Der Text der englischen Ausgabe ist auf die besonderen Bedürfnisse der britischen Leser abgestimmt. Die Übersetzung ins Deutsche mußte unseren Verhältnissen angepaßt und daher in vielen Einzelheiten geändert und ergänzt werden.

Über den Gebrauch des Buches

Das Buch besteht in der Hauptsache aus einer Übersicht über die Formen der Nadeln und Blätter (Seiten 10–59) und einem Textteil, in dem die Baumarten nach den wissenschaftlichen Namen in alphabetischer Reihenfolge beschrieben und mit vielen Farbfotos versehen sind (Seiten 60–216). Dazu kommen die Farbbilder einiger Rindenformen (Seiten 216–220) sowie ein Verzeichnis der beschriebenen Arten und Sorten (Seiten 221–224).

Bestimmungsschlüssel für Nadeln und Blätter

Nadeln und Blätter sind in folgender Weise geordnet:

Nadelbäume   Seiten 10–23
Schuppennadeln, einschl. Zypressen   10–11
Nadeln rings um den Zweig, einschl. Wacholder 11–12
Nadeln zweizeilig (Tanne, Fichte)   13–18
Kurztriebe mit 2 Nadeln; Kiefer   19–20
Kurztriebe mit 3 Nadeln; Kiefer   21
Kurztriebe mit 5 Nadeln; Kiefer   21–22
Kurztriebe mit über 5 Nadeln; Kiefer   23

Laubbäume mit einfachen Blättern   24–49
Schmale (Weide) bis breite (Magnolie)
und herzförmige (Linde) Blätter   24–42
Fiederspaltig gelappt; einschl. Eiche   43–47

Laubbäume mit zusammengesetzten Blättern   50–59
Dreiblättrig; einschl. Goldregen   50
Handförmig; einschl. Roßkastanie   51–52
Fiederblättrig; einschl. Esche   53–58
Doppelfiederblättrig; einschl. Aralie   59

Jedes Blatt ist mit dem deutschen und wissenschaftlichen Namen versehen. Die Blätter wurden von Mitte Juli bis Mitte August fotografiert. Der Maßstab ist auf jeder Seite angegeben; der Kreisdurchmesser entspricht 1 cm, die Querstrichlänge 1 Zoll (= 2,54 cm).
Wollen Sie irgendwo in der Natur einen Baum bestimmen, suchen Sie nach dem ähnlichsten Blatt im Bild-Bestimmungsschlüssel und vergleichen Sie anhand der Beschreibung Form, Höhe, Blüte, Frucht und Borke Ihres Baumes. Die Blätter können innerhalb einer Art sehr unterschiedlich sein; sie wachsen, altern und verfärben sich; an Stockausschlägen und Wurzelbrut sind sie oft sehr viel größer als in der Krone; auch innerhalb der Baumkrone, zwischen verschiedenen Bäumen eines Bestandes und zwischen verschiedenen Standorten können sie differieren.

Die Bilder

Die Fotos zu den Beschreibungen zeigen Zweige mit Blüten, meist früh in der Vegetationszeit, und Zweige mit Früchten und Blättern des Spätsommers oder Herbstes. Wo geeignete Bilder nicht verfügbar oder aussagekräftig genug waren, geben Bilder der Borke zusätzliche Bestimmungshilfen. Proben besonders typischer Herbstblätter sind auf den Seiten 76/77 und 188/189, Borken auf den Seiten 216–220 dargestellt.

Die Zeichnungen

Die Strichzeichnungen im Textteil geben nicht nur das Erscheinungsbild des Baumes wieder, sondern zeigen auch, ob die Art immergrün (vollbelaubte Krone), halb-immergrün (teilweise belaubt) oder laubabwerfend (winterkahl) ist. Die Zeichnungen stellen frei erwachsene, reife Bäume in ihrer charakteristischen Form dar. Bedenken Sie beim Vergleich zur Natur, daß die Baumform je nach Alter und Wuchsbedingungen verschieden sein kann. Die folgenden Beispiele zeigen den Einfluß von Alter (oben) und Umwelt (unten).

Europäische Rotkiefer, *Pinus sylvestris.* Links ein alter Baum, in der Mitte ein reifer, mittelalter und rechts ein junger Baum.

Eiche, *Quercus,* ein etwa 100jähriger Baum, links im normalen Waldbestand, hoch und schlank infolge Seitendrucks durch Nachbarn, in der Mitte ein frei erwachsener Baum in geschützter Lage, rechts ein ebenfalls frei erwachsener Baum auf einem stark windausgesetzten Standort.

Familien-Name

Bei großen oder besonders wichtigen Gattungen wie *Abies, Acer, Alnus* steht die Familienzugehörigkeit einer Gattung stets vor Beginn der Artenbeschreibung, sonst hinter dem wissenschaftlichen Artnamen.

Deutsche Namen

Die deutschen Namen entstammen folgenden Quellen:
Aichele/Schwegler, Welcher Baum ist das?
J. Bauch, Dendrologie der Nadelbäume und übrigen Gymnospermen
J. Fitschen, Gehölzflora.

Wissenschaftliche Namen

Die kursiv gedruckten Artnamen entstammen den gleichen Quellen und der Flora Europaea. Synonyme werden nur aufgeführt, wenn der Name kürzlich geändert wurde oder strittig ist.

Heimat der Baumarten

Die Beschreibung der Baumarten beginnt mit einem Hinweis auf das Herkunftsgebiet.

Baumhöhe

Die Höhenangaben beziehen sich auf normal und voll ausgebildete Bäume. Beim Vergleich beachte man, daß die Höhe eines Baumes vom Alter, Boden, Klima und Konkurrenzdruck beeinflußt wird.

Blütezeit

Die Zeit der Blüte schwankt mit dem Wetter, dem Breitengrad und der Höhenlage. Die angegebenen Zeiten sind Durchschnittswerte.

Zeit der Fruchtbildung

Bildung, Reife und Abfall der Früchte erstrecken sich über eine längere Zeitperiode als die Blüte – bei manchen Kiefern über mehrere Jahre. Die Angaben sind dementsprechend oft nur ungefähre Durchschnittswerte.

Größenmaßstab

Nur bei den Tafeln mit verschiedenen Blattformen ist zum besseren Vergleich der Größenverhältnisse ein Maßstab angegeben. Zahlen, die für die Bestimmung wichtiger Baumteile notwendig sind, werden im Text genannt.

Das Filmmaterial

Die Blätter wurden auf 9 × 12 cm Ektachrome E 6 Tageslichtfilm aufgenommen unter Verwendung einer De-Vere-Kamera, 210 mm Objektiv.
Bilder im Textteil mit gleichförmigem Hintergrund wurden im Studio mit einer Pentax und Weitwinkelobjektiv, Blende 22, auf 6×6-cm-Film, Kodak E.P. 120 (E-3-Entwicklung) oder E.P.R. 120 (E-6-Entwicklung) aufgenommen. Die Aufnahmen der Borke wurden mit einer Nickormat-Kamera auf Kodakfilm E.P.D. 135 gemacht. Im Studio wurde Kunstlicht mit 13 000 Joule Leistung verwendet.

Fachwörterverzeichnis

Alternierende Blattstellung. Blätter beidseitig abwechselnd am Zweig oder Stamm, d. h. wechselständig (nicht gegenständig oder wirtelig).

Annuelle Pflanzen. Einjährige Pflanzen

Anthere. Staubbeutel, der den Pollen oder Blütenstaub produziert. Teil des Staubblatts.

Baum. Ausdauernde Pflanze mit durchgehendem, verholztem Stamm, in der Regel über 5 m hoch werdend.

Beere. Fleischige Frucht, meist mit mehreren Samen.

Behaartes Blatt. Oberfläche eines Blattes ein- oder beidseitig mit Härchen bedeckt.

Blütenboden. Stark verkürzte Blütenachse, an der die Blütenblätter schraubig oder wirtelig angeordnet sein können.

Chimäre. Durch Pfropfung entstandene sogenannte Pfropfbastarde, die äußerlich an Hybriden erinnern, genetisch aber nicht als solche bezeichnet werden können.

Doppeltgefiedertes Blatt. Zusammengesetztes Blatt mit zweifacher fiederartiger Unterteilung.

Einfaches Blatt. Im Gegensatz zum gefiederten Blatt mit einer zusammenhängenden Blattfläche.

Fruchtblätter. Abgewandelte Blätter, die zu einem Fruchtknoten verwachsen sind.

Fruchthäutchen. Dünne, trockene Haut bei manchen Früchten und Samen.

Ganzrandiges Blatt. Blattrand glatt, weder gelappt, gesägt noch gezähnt.

Gefiedertes Blatt. Zusammengesetzt aus paarigen oder unpaarigen Teilblättchen (Fiederblättchen) beidseitig des Blattstiels.

Gefingertes Blatt. Zusammengesetzt aus Teilblättchen, die am Blattgrund entspringen und fingerartig strahlig auseinandergehen.

Halb-immergrüne Bäume. Am Ende der Vegetationsperiode werfen sie nur einen Teil der Blätter ab.

Handförmges Blatt. Vom Blattgrund aus strahlenförmig gelapptes Blatt.

Heimische Baumart. Standortheimisch, nicht eingeführt.

Hermaphrodit. Zwitter mit Samenanlagen und Staubblättern in einer Blüte.

Hochblatt. In Form und Farbe sehr vereinfachtes Blatt, meist in der Blütenregion.

Hybride. Auch Bastard genannt, entsteht aus der Kreuzung zweier Arten.

Immergrüne Bäume. Sie sind ganzjährig belaubt.

Kätzchen. Hängender, ährenförmiger Blütenstand mit mehreren, meist winzigen Blüten.

Kapsel. Streufrucht, die sich öffnet und ihre Samen ausstreut.

Kern. Inneres (Same) einer hartschaligen Frucht; eßbarer Teil einer Nuß.

Klone. Pflanzen, die durch ungeschlechtliche Vermehrung aus einer Elternpflanze entstanden und genetisch identisch sind.

Konifere. Nadelbaum

Laubabwerfende Bäume. Bei uns sommergrüne Pflanzen, die im Winter alles Laub abwerfen.

Lenticellen. Kommen nur an der Rinde vor. Sie dienen dem Luftaustausch und sind als Ersatz für die Spaltöffnungen der Blätter zu betrachten.

Nuß. Harte, trockenhäutige Schließfrucht.

Propfhybride. Siehe Chimäre.

Pollen. In den Staubbeuteln entstandene männliche Zellen.

Rispe. Form eines verzweigten Blütenstandes.

Samenanlage. Enthält die weiblichen Eizellen.

Sorte. Vom Menschen durch Kreuzung gezüchtete Pflanzen mit besonderen Eigenschaften, die sich vererben.

Stempel. Weiblicher Blütenteil, aus Fruchtknoten, Griffel und Narbe bestehend.

Stockausschlag. Triebbildung von Baumstümpfen.

Strauch. Verholzte Pflanze, meist vom Boden an verzweigt ohne durchgehenden Stamm, im allgemeinen weniger als 5 m hoch.

Synonym. Name einer Art, der nach den Regeln der gültigen wissenschaftlichen Nomenklatur veraltet ist.

Teilblättchen. Teil eines zusammengesetzten Blattes (siehe gefiedertes Blatt).

Varietät. Natürliche Kreuzung zweier Arten im Gegensatz zu den Sorten.

Wechselständig. Siehe alternierend.

Wirtel. Quirlständige Anordnung von Blättern und Blüten am Stengel.

Wurzelbrut. Trieb aus einer Wurzel.

Zusammengesetztes Blatt. Aus mehreren Teil- oder Fiederblättchen bestehendes Blatt.

Abkürzungen im Text

var.	Varietät
x	bedeutet Hybride
+	bedeutet Pfropfhybride oder eine Hybride zwischen zwei Gattungen.

Weiterführende Literatur

AICHELE/SCHWEGLER: *Welcher Baum ist das?* Kosmos-Verlag, Stuttgart, 1987

AICHELE/SCHWEGLER: *Die Blütenpflanzen Mitteleuropas.* 5 Bände, Kosmos-Verlag, Stuttgart 1994–1996

BAUCH, J.: *Dendrologie der Nadelbäume und übrigen Gymnospermen.* Sammlung Göschen. Walter de Gruyter, Berlin und New York, 1975

FITSCHEN, J.: *Gehölzflora.* Quelle und Meyer, Heidelberg. 8. Aufl. 1987, 391 S., bearbeitet von F. Boerner

KRÜSSMANN, G.: Die Nadelgehölze. 3. Aufl., Verlag Paul Parey, Berlin und Hamburg, 1979

– *Die Bäume Europas.* 2. Aufl., Verlag Paul Parey, Berlin und Hamburg, 1979

– *Handbuch der Nadelgehölze.* 2. Aufl., Verlag Paul Parey, Berlin und Hamburg, 1983

– *Handbuch der Laubgehölze,* 2. Aufl., Verlag Paul Parey, Berlin und Hamburg, 1976/78

Scheinzypressen und Lebensbäume

Leyland-Zypresse
x *Cupressocyparis leylandii*
'Haggerston Grey' (S. 110)

**Japanischer
Lebensbaum**
Thuja standishii (S. 206)

Riesenlebensbaum
Thuja plicata (S. 206)

Orientalischer Lebensbaum
Thuja orientalis (S. 205)

Abendländischer Lebensbaum
Thuja occidentalis (S. 205)

Kugelzypresse
Chamaecyparis thyoides (S. 102)

**Sawara-
Scheinzypresse**
Chamaecyparis pisifera
(S. 102)

Feuerzeder, Hinokizypresse
Chamaecyparis obtusa (S. 101)

Nutkazypresse
Chamaecyparis nootkatensis (S. 101)

Lawsonzypresse
Chamaecyparis lawsoniana (S. 101)

**Weihrauchzeder,
Kalifornische
Flußzeder**
Calocedrus decurrens
(S. 92)

Zypressen und andere Koniferen

Hiba-Lebensbaum
Thujopsis dolabrata (S. 206)

Chilenische Flußzeder
Austrocedrus chilensis (S. 88)

Patagonische Zypresse
Fitzroya cupressoides (S. 118)

Glattborkige Arizona-Zypresse
Cupressus glabra (S. 110)

Mittelmeer-Zypresse
Cupressus sempervirens (S. 111)

Monterey-Zypresse
Cupressus macrocarpa (S. 111)

Rauhborkige Arizona-Zypresse
Cupressus arizonica (S. 110)

Gipfelschuppenfichte
Athrotaxis laxifolia (S. 87)

Zypressen-Schuppenfichte
Athrotaxis cupressoides (S. 87)

Selaginella-Schuppenfichte
Athrotaxis selaginoides (S. 87)

Vorwiegend Wacholderartige

Taiwanie
Taiwania cryptomerioides (S. 203)

**Japanische Zeder,
Sicheltanne, Sugi**
Cryptomeria japonica (S. 109)

Mammutbaum
Sequoiadendron giganteum (S. 197)

Chinesischer Wacholder
Juniperus chinensis (S. 125)

**Gemeiner Wacholder,
Machandel, Kranewit**
Juniperus communis (S. 126)

Syrischer Wacholder
Juniperus drupacea (S. 126)

Mexikanischer Wacholder
Juniperus flaccida (S. 126)

Kirschwacholder
Juniperus monosperma (S. 126)

Himalaja-Wacholder
Juniperus recurva (S. 127)

**Tempelwacholder,
Stechwacholder**
Juniperus rigida (S. 127)

**Bleistiftzeder,
Virginia-Sadebaum**
Juniperus virginiana (S. 127)

Muskatnußartige, Sequoien und andere

**Japanische
Muskatnuß, Nußeibe**
Torreya nucifera (S. 209)

**Kalifornische Muskatnuß,
Stinkeibe**
Torreya californica (S. 209)

Japanische Kopfeibe
Cephalotaxus harringtonia
(S. 100)

**Spießtanne
Zwittertanne**
Cunninghamia lanceolata (S. 109)

Araukarie
Araucaria araucana (S. 85)

Japanische Kopfeibe
Cephalotaxus harringtonia
var. *drupacea* (S. 100)

Chinesische Kopfeibe
Cephalotaxus fortunei (S. 99)

Küstensequoie
Sequoia sempervirens (S. 196)

Prinz-Albert-Eibe
Saxegothaea conspicua (S. 196)

**Urweltmammutbaum,
Chinesisches Rotholz**
Metasequoia glyptostroboides (S. 140)

Sumpfzypresse
Taxodium distichum (S. 203)

Chilenischer Podocarpus
Podocarpus andinus (S. 165)

Eiben und Schierlingstannen

**Goldene
Irische Eibe**
Taxus baccata
'Fastigiata
Aureomarginata' (S. 204)

Chinesische Eibe
Taxus celebica (S. 204)

Gemeine Eibe
Taxus baccata (S. 204)

Pazifische Eibe
Taxus brevifolia (S. 204)

**Östliche Hemlock,
Schierlingstanne**
Tsuga canadensis (S. 209)

Chinesische Hemlock
Tsuga chinensis (S. 210)

Japanische Eibe
Taxus cuspidata (S. 204)

Carolina-Hemlock
Tsuga caroliniana (S. 210)

Westliche Hemlock
Tsuga heterophylla (S. 211)

Südliche Japanische Hemlock
Tsuga sieboldii (S. 211)

Nördliche Japanische Hemlock
Tsuga diversifolia (S. 210)

Berg-Hemlock
Tsuga mertensiana (S. 211)

Tannen

Purpurtanne,
Pazifische Weißtanne
Abies amabilis (S. 60)

Santa-Lucia-Tanne
Abies bracteata (S. 60)

Weißtanne, Edeltanne
Abies alba (S. 60)

Coloradotanne
Abies concolor (S. 61)

Delavays Tanne
Abies delavayi var. *georgei* (S. 61)

Griechische Tanne
Abies cephalonica (S. 61)

Nikko-Tanne
Abies homolepis (S. 62)

Momi-Tanne,
Japanische Tanne
Abies firma (S. 62)

Große
Küstentanne
Abies grandis (S. 62)

Felsengebirgstanne
Abies lasiocarpa (S. 63)

Prachttanne
Abies magnifica (S. 63)

Nordmannstanne
Abies nordmanniana (S. 64)

Pazifische Edeltanne
Abies procera (S. 64)

Veitchs Tanne
Abies veitchii[*] (S. 65)

**Algier-Tanne
Numidische Tanne**
Abies numidica (S. 64)

Graue Douglasie
Pseudotsuga menziesii var. *glauca* (S. 178)

Großzapfige Douglasie
Pseudotsuga macrocarpa (S. 177)

**Küsten-Douglasie,
Grüne Douglasie**
Pseudotsuga menziesii (S. 177)

17

Fichten

Rotfichte
Picea abies (S. 145)

Drachenfichte
Picea asperata (S. 145)

Sargent-Fichte
Picea brachytyla (S. 145)

Blaue Engelmannfichte
Picea engelmannii glauca (S. 146)

**Schimmelfichte,
Kanadische Weißfichte**
Picea glauca (S. 146)

Siskijou-Fichte
Picea breweriana (S. 146)

Koyama-Fichte
Picea koyamai (S. 147)

Yedo-Fichte
Picea jezoensis var. *hondoensis* (S. 147)

Likiang-Fichte
Picea likiangensis (S. 147)

Schwarzfichte
Picea mariana (S. 148)

Fichten und Schirmtanne

Sibirische Fichte
Picea obovata (S. 148)

Serbische Fichte
Picea omorika (S. 148)

Orientalische Fichte
Picea orientalis (S. 149)

Tigerschwanzfichte
Picea polita (S. 149)

**Stechfichte,
Coloradofichte**
Picea pungens (S. 149)

Blaue Stechfichte
Picea pungens glauca (S. 150)

Amerikanische Rotfichte
Picea rubens (S. 150)

Sitkafichte
Picea sitchensis (S. 150)

**Östliche Himalaja-Fichte,
Sikkim-Fichte**
Picea spinulosa (S. 151)

Wilsons Fichte
Picea wilsonii (S. 151)

**Westliche
Himalaja-Fichte,
Morindafichte**
Picea smithiana (S. 151)

Schirmtanne
Sciadopitys verticillata (S. 196)

Zweinadelige Kiefern

Bankskiefer
Pinus banksiana (S. 154)

**Drehkiefer,
Strandkiefer**
Pinus contorta (S. 155)

Langnadelige Drehkiefer
Pinus contorta var. *latifolia* (S. 155)

Aleppokiefer, Seekiefer
Pinus halepensis (S. 156)

Schlangenhautkiefer
Pinus heldreichii var. *leucodermis* (S. 157)

Bischofskiefer
Pinus muricata (S. 158)

Österreichische Schwarzkiefer
Pinus nigra ssp. *austriaca* (S. 158)

Krimkiefer
Pinus nigra var. *caramanica* (S. 159)

Korsische Kiefer
Pinus nigra ssp. *calabrica* (S. 159)

Zweinadelige Kiefern

Seestrandkiefer,
Bordeaux-Kiefer
Pinus pinaster (S. 160)

Pinie
Pinus pinea (S. 160)

Amerikanische Rotkiefer
Pinus resinosa (S. 161)

Chinesische
Tafelkiefer
Pinus tabuliformis (S. 163)

Gemeine Kiefer,
Föhre, Forche
Pinus sylvestris (S. 162)

Japanische Schwarzkiefer, Kuro-matsu
Pinus thunbergii (S. 163)

Bergkiefer, Spirke
Pinus uncinata (S. 163)

Virginia-Kiefer
Pinus virginiana (S. 164)

Drei- und fünfnadelige Kiefern

Chinesische Weißborkenkiefer
Pinus bungeana (S. 154)

Knopfzapfenkiefer
Pinus attenuata (S. 153)

Riesenzapfenkiefer
Pinus coulteri (S. 156)

Mexikanische Steinkiefer, Pinyon
Pinus cembroides (S. 155)

Jeffrey-Kiefer
Pinus jeffreyi (S. 157)

Gelb-Kiefer
Pinus ponderosa (S. 161)

Monterey-Kiefer, Radiata-Kiefer
Pinus radiata (S. 161)

Fünfnadelige Kiefern

Weißborkenkiefer
Pinus albicaulis (S. 152)

Grannenkiefer, Borstenkiefer
Pinus aristata (S. 152)

Nördliche Pechkiefer
Pinus rigida (S. 162)

Fünfnadelige Kiefern

Davidskiefer
Pinus armandii (S. 153)

Mexikanische Weißkiefer
Pinus ayacahuite (S. 153)

Zirbelkiefer, Arve
Pinus cembra (S. 154)

Weichkiefer
Pinus flexilis (S. 156)

Holfords Kiefer
Pinus x *holfordiana* (S. 157)

Gebirgs-Strobe
Pinus monticola (S. 158)

Japanische Weißkiefer
Pinus parviflora (S. 159)

Mazedonische Kiefer
Pinus peuce (S. 160)

Weymouthskiefer
Pinus strobus (S. 162)

**Tränen-Kiefer,
Himalaja-Kiefer**
Pinus wallichiana (S. 164)

Zedern und Lärchen

Atlas-Zeder
Cedrus atlantica (S. 97)

Blauzeder
Cedrus atlantica
var. *glauca* (S. 97)

Zypern-Zeder
Cedrus libani
var. *brevifolia* (S. 98)

Himalaja-Zeder
Cedrus deodara (S. 97)

Europäische Lärche
Larix decidua (S. 129)

Hybridlärche
Larix x eurolepis (S. 130)

Dahurische Lärche
Larix gmelinii (S. 130)

Libanon-Zeder
Cedrus libani (S. 98)

**Ostamerikanische Lärche,
Tamarack**
Larix laricina (S. 131)

Westamerikanische Lärche
Larix occidentalis (S. 131)

Tibetanische Lärche
Larix potaninii (S. 131)

Japanische Lärche
Larix kaempferi (S. 130)

Sehr schmale Blätter

Korbweide
Salix viminalis (S. 195)

Ölweide
Elaeagnus angustifolia (S. 113)

Weidenblättrige Birne
Pyrus salicifolia (S. 180)

Weidenblättrige Magnolie
Magnolia salicifolia (S. 135)

Immergrüne Canyon-Eiche
Quercus chrysolepsis (S. 182)

Goldene Kastanie
Chrysolepsis chrysophylla (S. 102)

Lorbeer-Eiche
Quercus laurifolia (S. 184)

Chilenischer Feuerbusch
Embothrium coccineum (S. 114)

Weidenblättrige Eiche
Quercus phellos (S. 186)

Winters Drimys
Drimys winteri (S. 113)

Mostiger Eukalyptus
Eucalyptus gunnii (S. 114)

Dreh-Eukalyptus
Eucalyptus perriniana (S. 115)

Schnee-Eukalyptus
Eucalyptus niphophila (S. 114)

Vorwiegend Weiden

Silberweide
Salix alba (S. 193)

Zickzackweide
Salix matsudana 'Tortuosa' (S. 194)

Knackweide
Salix fragilis (S. 194)

Goldene Trauerweide
Salix x *chrysocoma* (S. 194)

Mandelweide
Salix triandra (S. 195)

Aschweide
Salix cinerea (S. 194)

Lorbeerweide
Salix pentandra (S. 195)

Südlicher Nesselbaum
Celtis australis (S. 98)

Tibetanische Kirsche
Prunus serrula (S. 174)

**Pennsylvanische
Wildkirsche**
Prunus pennsylvanica (S. 173)

Pfirsich
Prunus persica (S. 173)

Japanische Scheinkamelie
Stewartia pseudocamellia
(S. 202)

Chinesische Scheinkamelie
Stewartia sinensis (S. 202)

**Portugiesische
Lorbeerkirsche**
Prunus lusitanica
(S. 172)

**Japanischer
Hainbuchenahorn**
Acer carpinifolium (S. 66)

Silberglocke
Halesia monticola (S. 121)

Mispel
Mespilus germanica
(S. 140)

Erdbeerbaum-Hybride
Arbutus x *andrachnoides*
(S. 85)

Bambusblättrige Eiche
Quercus myrsinifolia (S. 185)

Lorbeerkirsche
Prunus laurocerasus (S. 172)

Erdbeerbaum
Arbutus unedo (S. 86)

**Eßkastanie,
Edelkastanie**
Castanea sativa
(S. 95)

Libanon-Eiche
Quercus libani (S. 184)

Gerbrindeneiche
Lithocarpus densiflorus (S. 133)

Kastanienblättrige Eiche
Quercus castaneifolia (S. 181)

Dattelpflaume
Diospyros lotus (S.112)

Gemeiner Persimmon
Diospyros virginiana (S.112)

Großblütige Magnolie
Magnolia grandiflora (S.135)

Kohuhu
Pittosporum tenuifolium (S.164)

Sorrels Sauerbaum
Oxydendrum arboreum (S.143)

Madrona
Arbutus menziesii (S.86)

Europäischer Erdbeerbaum
Arbutus andrachne (S.85)

Mississippi-Celtis
Celtis laevigata (S.99)

Nördliche Japanische Magnolie
Magnolia kobus (S.135)

Soulange-Magnolie
Magnolia x *soulangiana* (S.135)

Wilson-Magnolie
Magnolia wilsonii (S.136)

**Japanische
Großblättrige Magnolie**
Magnolia hypoleuca (S. 135)

Gurkenbaum
Magnolia acuminata (S. 134)

Schirmmagnolie
Magnolia tripetala (S. 136)

Spindel-Eiche
Quercus imbricaria (S. 183)

Magnolia x *veitchii* (S. 136)

Papaw
Asimina triloba (S. 86)

Fraser-Magnolie
Magnolia fraseri (S. 134)

Campbells Magnolie
Magnolia campbellii (S. 134)

**Kalifornische
Immergrüne Eiche, Encina**
Quercus agrifolia
(S. 180)

Nesselbaum
Celtis occidentalis (S. 99)

Roblé-Südbuche
Nothofagus obliqua (S. 142)

Dombeys Südbuche
Nothofagus dombeyi (S. 141)

Korkeiche
Quercus suber (S. 190)

Antarktische Südbuche
Nothofagus antarctica (S. 141)

**Rauli-
Südbuche**
Nothofagus procera (S. 142)

**Pontische Eiche,
Armenische Eiche**
Quercus pontica (S. 186)

Stechpalmen-Eiche
Quercus ilex (S. 183)

Kaukasische Zelkova
Zelkova carpinifolia (S. 215)

Englische Ulme
Ulmus procera (S. 213)

Bergulme
Ulmus glabra (S. 212)

Japanische Zelkova
Zelkova serrata (S. 215)

Zierkirschen

Große Weißkirsche
Prunus 'Tai-Haku'
(S. 176)

Prunus
'Pink Perfection' (S. 175)

Prunus
'Shirofugen' (S. 175)

Prunus
'Hokusai' (S. 174)

Prunus 'Shirotae' (S. 175)

Prunus
'Amanogawa' (S. 174)

Prunus
'Kanzan' (S. 175)

Prunus
'Mikurama-gaeshi' (S. 175)

Prunus
'Ukon' (S. 176)

Prunus 'Accolade'
(Prunus sargentii x *P. subhirtella)* (S. 170)

Yoshino-Kirsche
Prunus x *yedoensis* (S. 177)

Sonstige Kirschen

Kirschpflaume
Prunus cerasifera (S. 171)

**Rotblättrige
Kirschpflaume**
Prunus cerasifera
'Pissardii' (S. 171)

Schlehe
Prunus spinosa (S. 176)

Mandschurische Kirsche
Prunus maackii (S. 172)

Amerikanische Rotpflaume
Prunus americana (S. 170)

Steinweichsel
Prunus mahaleb (S. 172)

**Schwarze
Traubenkirsche**
Prunus serotina (S. 174)

Traubenkirsche
Prunus padus (S. 173)

**Japanische
Frühlingskirsche**
Prunus subhirtella (S. 176)

Virginia-Kirsche
Prunus virginiana (S. 176)

Sargent-Kirsche
Prunus sargentii (S. 173)

Prunus 'Hillieri' (S. 171)

Vogelkirsche
Prunus avium (S. 170)

Quitte
Cydonia oblonga (S. 111)

**Persisches Eisenholz,
Parrotie**
Parrotia persica (S. 144)

**Amerikanischer
Perückenstrauch**
Cotinus obovatus (S. 105)

Buchsbaum
Buxus sempervirens
(S. 92)

Balearenbuchsbaum
Buxus balearica (S. 92)

**Rainweide,
Liguster**
Ligustrum lucidum (S. 132)

Himalaja-Baummispel
Cotoneaster frigidus (S. 105)

Lorbeerbaum
Laurus nobilis (S. 132)

**Kalifornischer
Berglorbeer**
Umbellularia californica (S. 214)

Magnolia x *loebneri*
'Leonard Messel' (S. 135)

Salweide
Salix caprea (S. 193)

Gelber Gurkenbaum
Magnolia cordata (S. 134)

Rotbuche
Fagus sylvatica (S. 116)

Blutbuche
Fagus sylvatica purpurea
(S. 117)

Ostbuche
Fagus orientalis (S. 116)

Ulmenblättrige Eucommia
Eucommia ulmoides (S. 115)

Einblättrige Esche
Fraxinus excelsior diversifolia
(S. 119)

**Amerikanische
Weißulme**
Ulmus americana (S. 212)

Felsenulme
Ulmus thomasii
(S. 214)

Amerikanische Hainbuche
Carpinus caroliniana (S. 93)

Japanische Hainbuche
Carpinus japonica (S. 93)

Europäische Hopfenbuche
Ostrya carpinifolia (S. 143)

Amerikanische Hopfenbuche
Ostrya virginiana (S. 143)

**Weißbuche,
Hainbuche, Hornbaum**
Carpinus betulus (S. 93)

34

Bergulme
Ulmus glabra (S. 212)

Glattblättrige Ulme
Ulmus minor (S. 213)

Flatterulme
Ulmus laevis (S. 213)

Huntingdon-Ulme
Ulmus x *hollandica*
'Vegeta' (S. 212)

Holländische Ulme
Ulmus x *hollandica*
'Hollandica' (S. 212)

Mehlbeere
Sorbus aria (S. 197)

Oregon-Erle,
Amerikanische Roterle
Alnus rubra (S. 84)

Fox-Mehlbeere
Sorbus 'Wilfred Fox' (S. 202)

Vater Davids Ahorn
Acer davidii
'George Forrest' (S. 68)

Vater Davids Ahorn
Acer davidii
'Ernest Wilson' (S. 68)

Grauerle,
Europäische Weißerle
Alnus incana (S. 83)

Japanischer Hartriegel
Cornus controversa (S. 103)

**Kornelkirsche,
Gelber Hartriegel**
Cornus mas (S. 104)

**Pazifischer
Hartriegel**
Cornus nuttallii (S. 104)

Blumenhartriegel
Cornus florida (S. 103)

Wechselständiger Hartriegel
Cornus alternifolia (S. 103)

Schneeballbaum
Styrax japonica (S. 203)

Osage-Orangenbaum
Maclura pomifera (S. 133)

Tupelo
Nyssa sylvatica (S. 142)

**Virginia-
Magnolie**
Magnolia virginiana
(S. 136)

Stechpalmenartige, Hülsen

Hülsenblättrige Kirsche
Prunus ilicifolia (S. 171)

**Amerikanische
Stechpalme**
Ilex opaca (S. 124)

Pernys Stechpalme
Ilex pernyi (S. 124)

Ilex aquifolium 'Ferox' (S. 123)

Ilex aquifolium
'Recurva' (S. 123)

**Gemeine Stechpalme,
Hülse**
Ilex aquifolium (S. 122)

Ilex aquifolium
'Aurea Marginata' (S. 123)

Ilex aquifolium
'Argentea Marginata' (S. 123)

Ilex x *altaclarensis*
'Wilsonii' (S. 122)

Ilex x *altaclarensis*
'Golden King' (S. 122)

Ilex x *altaclarensis*
'Hendersonii' (S. 122)

Ilex x *altaclarensis*
'Hodginsii' (S. 122)

Ilex x *altaclarensis*
'Camelliifolia' (S. 121)

**Himalaja-
Stechpalme**
Ilex dipyrena (S. 124)

Felsenbirne
Amelanchier laevis (S. 84)

Gemeine Birne
Pyrus communis (S. 179)

Sibirischer Wildapfel
Malus baccata (S. 136)

Magdeburg-Wildapfel
Malus 'Magdeburgensis' (S. 138)

**Japanischer
Wildapfel**
Malus floribunda (S. 137)

Gemeiner Wildapfel
Malus sylvestris (S. 139)

**Hahnenfuß-
weißdornhybride**
Crataegus x *lavallei* (S. 108)

Breitblättriger Weißdorn
Crataegus prunifolia (S. 109)

Oregon-Wildapfel
Malus fusca (S. 138)

Purpur-Wildapfel
Malus x *purpurea* (S. 139)

Hahnenfuß-Weißdorn
Crataegus crus-galli (S. 106)

Prärie-Wildapfel
Malus ioensis (S. 138)

Süßer Wildapfel
Malus coronaria (S. 137)

Schwarzfrüchtiger Weißdorn
Crataegus douglasii (S. 106)

Scharlachroter Weißdorn
Crataegus pedicellata (S. 108)

Wasserbirne
Betula occidentalis (S. 89)

Rotbirke
Betula nigra (S. 89)

Gelbbirke
Betula lutea (S. 89)

Behaarter Weißdorn
Crataegus mollis
(S. 108)

Himalaja-Birke
Betula utilis (S. 91)

**Moorbirke,
Haarbirke, Besenbirke**
Betula pubescens (S. 91)

Graubirke
Betula populifolia (S. 90)

Blaubirke
Betula coerulea-grandis (S. 88)

**Weißbirke, Hängebirke,
Sandbirke, Warzenbirke**
Betula pendula (S. 90)

Weißdornblättriger Ahorn
Acer crataegifolium (S. 67)

Schwarzbirke
Betula lenta (S. 88)

Papierbirke
Betula papyrifera (S. 90)

Haselnußstrauch
Corylus avellana (S. 104)

Baumhasel
Corylus colurna (S. 105)

Lindenblättriger Ahorn
Acer distylum (S. 68)

Tatarischer Ahorn
Acer tataricum (S. 78)

Italienische Erle
Alnus cordata (S. 83)

Schwarzerle, Roterle
Alnus glutinosa (S. 83)

**Großblättriger
Schneeballbaum**
Styrax obassia (S. 203)

**Gemeiner
Judasbaum**
Cercis siliquastrum (S. 100)

Katzurabaum
Cercidiphyllum japonicum (S. 100)

Maulbeerbaum
Broussonetia papyrifera (S. 91)

Weiße Maulbeere
Morus alba (S. 140)

**Gemeine Maulbeere,
Schwarze Maulbeere**
Morus nigra (S. 141)

Behaarte Schwarzpappel
Populus nigra var. *betulifolia*
(S. 168)

Lombardische Pappel
Populus nigra
'Italica' (S. 168)

Baumwollpappel
Populus deltoides (S. 167)

Regenerata-Pappel
Populus x *canadensis*
'Regenerata' (S. 166)

Robusta-Pappel
Populus x *canadensis*
'Robusta' (S. 167)

Balsam-Pappel
Populus balsamifera (S. 166)

**Amerikanische Aspe,
Amerikanische
Zitterpappel**
Populus tremuloides
(S. 169)

Westliche Balsam-Pappel
Populus trichocarpa (S. 169)

Großzähnige Pappel
Populus grandidentata (S. 167)

Graupappel
Populus canescens (S. 167)

Zitterpappel, Aspe
Populus tremulata
(S. 169)

Taschentuchbaum
Davidia involucrata (S. 112)

**Ungarische
Silberlinde**
Tilia tomentosa (S. 209)

Amerikanische Linde
Tilia americana (S. 207)

Olivers Linde
Tilia oliveri (S. 208)

Trauerlinde
Tilia petiolaris (S. 208)

Krim-Linde
Tilia x *euchlora* (S. 207)

Sommerlinde
Tilia platyphyllos (S. 208)

Winterlinde
Tilia cordata (S. 207)

Zwischenlinde
Tilia x *europaea* (S. 208)

Herzförmige Blätter und leicht
gelappte Blätter

Blauglockenbaum
Paulownia tomentosa (S.144)

**Gelber Trompetenbaum,
Gelbe Catalpa**
Catalpa ovata (S.96)

**Chinesische
Halsbandpappel**
Populus lasiocarpa (S.168)

Mississippi-Catalpa
Catalpa speciosa (S.97)

Hybridcatalpa
Catalpa x *erubescens* (S.96)

Gemeiner Trompetenbaum
Catalpa bignonioides (S.96)

Sporenblattbaum
Tetracentron sinense (S.205)

Zwei- und dreilappige Blätter

Pennsylvanischer Streifenahorn
Acer pennsylvanicum
(S. 74)

Grauer Schlangenahorn
Acer rufinerve (S. 75)

Schlangenahorn
Acer capillipes (S. 66)

Grossers Ahorn
Acer grosseri
var. *hersii* (S. 70)

Roter Ahorn
Acer rubrum (S. 75)

Felsenahorn
Acer monspessulanum
(S. 72)

Forrests Ahorn
Acer forrestii (S. 68)

Kretaahorn
Acer sempervirens
(S. 78)

Amurahorn
Acer ginnala (S. 69)

Tulpenbaum
Liriodendron tulipifera
(S. 133)

Chinesischer Tulpenbaum
Liriodendron chinense
(S. 133)

Ginkgobaum, Fächerblattbaum
Ginkgo biloba (S. 120)

Schwarzer Ahorn
Acer nigrum (S. 72)

Kappadozischer Ahorn
Acer cappadocicum
(S. 66)

Miyabes Ahorn
Acer miyabei (S. 71)

Felsenahorn
Acer glabrum (S. 69)

Kreidiger Ahorn
Acer leucoderme (S. 71)

Italienischer Ahorn
Acer opalus
(S. 73)

Feige
Ficus carica
(S. 117)

Amberbaum
Liquidambar styraciflua
(S. 132)

Rizinusbaum
Kalopanax pictus var. *maximowiczii*
(S. 128)

Orientalischer Amberbaum
Liquidambar orientalis (S. 132)

Fünflappige Ahornblätter

Oregonahorn
Acer macrophyllum
(S. 71)

**Amerikanischer
Bergahorn**
Acer spicatum (S. 78)

Zuckerahorn
Acer saccharum (S. 78)

Miyabes Ahorn
Acer miyabei (S. 71)

Heldreichs Ahorn
Acer heldreichii (S. 70)

Balkanahorn
Acer hyrcanum
(S. 70)

Bergahorn
Acer pseudoplatanus (S. 74)

**Bergahorn
'Atropurpureum'**
Acer pseudoplatanus
'Atropurpureum' (S. 74)

**Kaukasischer
Samtahorn**
Acer velutinum var.
vanvolxemii (S. 79)

Feldahorn
Acer campestre (S. 65)

Zoeschen-Ahorn
Acer x *zoeschense* (S. 79)

Spitzahorn
Acer platanoides (S. 74)

**Spitzahorn
'Goldsworth Purple'**
Acer platanoides
'Goldsworth Purple' (S. 74)

**Spitzahorn
'Schwedleri'**
Acer platanoides
'Schwedleri' (S. 74)

Fünf- und viellappige Blätter (Ahorn, Platane)

Fächerahorn
Acer palmatum (S. 73)

Purpur-Fächerahorn
Acer palmatum
'Atropurpureum' (S. 73)

Silberahorn
Acer saccharinum (S. 75)

Gemeine Platane
Platanus acerifolia (S. 165)

Orientplatane
Platanus orientalis (S. 165)

**Lappenblättriger
Ahorn**
Acer grandidentatum
(S. 69)

**Japanischer Mondahorn,
Flaumahorn**
Acer japonicum (S. 70)

**Amerikanischer
Weinblättriger
Ahorn**
Acer circinatum (S. 67)

Farnblättrige Buche
Fagus sylvatica 'Asplenifolia' (S. 117)

Pyrenäen-Mehlbeere
Sorbus mougeottii (S. 200)

Weißdornblättriger Wildapfel
Malus florentina (S. 137)

Fontainebleau-Speierling
Sorbus latifolia (S. 200)

Zweigriffeliger Weißdorn
Crataegus laevigata (S. 107)

Eingriffeliger Weißdorn
Crataegus monogyna (S. 108)

Elsbeere
Sorbus torminalis (S. 201)

Speierlinghybride
Sorbus x *thuringiaca* (S. 201)

Chinesischer Weißdorn
Crataegus laciniata (S. 107)

Schwedische Mehlbeere
Sorbus intermedia (S. 199)

Sassafras
Sassafras albidum (S. 196)

Weißpappel
Populus alba (S. 166)

Stieleiche
Quercus robur (S. 187)

Traubeneiche, Wintereiche
Quercus petraea (S. 186)

Lucombe-Eiche
Quercus x *hispanica*
'Lucombeana' (S. 183)

Quercus robur
'Filicifolia' (S. 187)

Rotblättrige Stieleiche
Quercus robur
purpurascens (S. 187)

Flaumeiche, Haareiche
Quercus pubescens (S. 187)
(Blattform untypisch, sollte
tiefer eingeschnitten sein)

Pyrenäische Eiche
Quercus pyrenaica (S. 187)

Gelbeiche
Quercus velutina (S. 191)
(Blattform untypisch,
sollte symmetrischer sein
und tiefer eingeschnitten)

Roteiche
Quercus rubra (S. 190)

Ludwigs-Eiche
Quercus x *ludoviciana* (S. 184)

Weißeiche *Quercus alba* (S. 180)

Scharlach-Eiche
Quercus coccinea
(S. 182)

Shumard-Eiche
Quercus shumardii
(S. 190)

Nageleiche
Quercus palustris
(S. 185)

Kalifornische Schwarzeiche
Quercus kelloggii
(S. 184)

Kaukasische Eiche
Quercus macranthera
(S. 185)

**Mirbecks Eiche,
Algerische Eiche**
Quercus canariensis (S. 181)

Daimio-Eiche
Quercus dentata (S. 182)

Mazedonische Eiche
Quercus trojana (S. 191)

Zerreiche
Quercus cerris (S. 181)

Kastanien-Eiche
Quercus prinus (S. 186)

**Mirbecks Eiche,
Algerische Eiche**
Quercus canariensis (S. 181)

Turners Eiche
Quercus x *turneri* (S. 191)

Sumpf-Weißeiche
Quercus bicolor (S. 181)

Schwarzer-Peter-Eiche
Quercus marilandica (S.185)

Ungarische Eiche
Quercus frainetto (S. 182)

Leas Bastardeiche
Quercus x *leana* (S. 184)

Moosbecher-Eiche
Quercus macrocarpa (S. 185)

Dreifiederig
zusammengesetzte Blätter

Nikko-Ahorn
Acer nikoense (S. 72)

Papierahorn
Acer griseum (S. 69)

**Japanischer
Weinblättriger Ahorn**
Acer cissifolium (S. 67)

Adams Goldregen
+ *Laburnocytisus adamii* (S. 128)

Hopfenbaum
Ptelea trifoliata (S. 178)

Nymans Eucryphia-Hybride
Eucryphia x *nymansensis* (S. 115)

Gemeiner Goldregen
Laburnum anagyroides (S. 129)

Voss-Goldregen
Laburnum x *watereri*
'Vossii' (S. 129)

Alpengoldregen
Laburnum alpinum (S. 129)

Gelbe Roßkastanie
Aesculus flava (S. 80)

**Kalifornische
Roßkastanie**
Aesculus californica (S. 79)

Haarroßkastanie
Aesculus glabra (S. 80)

Rote Roßkastanie
Aesculus x *carnea* (S. 80)

Gemeine Roßkastanie
Aesculus hippocastanum (S. 81)

Indische Roßkastanie
Aesculus indica (S. 81)

Japanische Roßkastanie
Aesculus turbinata (S. 82)

**Rote
Stielroßkastanie**
Aesculus pavia (S. 81)

Unpaarig gefiederte Blätter

Schweinsnuß-Hickory
Carya glabra (S. 94)

Arizona-Esche
Fraxinus velutina (S. 120)

Blumenesche
Fraxinus ornus (S. 119)

Eschenahorn
Acer negundo (S. 72)

Weißesche
Fraxinus americana (S. 118)

Gelbholz
Cladrastis lutea (S. 103)

Weißer Hickory
Carya ovata (S. 95)

Schwarzer Holunder, Holler
Sambucus nigra (S. 195)

Amerikanische Esche
Fraxinus pennsylvanica (S. 120)

Koreanische Euodia
Euodia daniellii (S. 116)

Oregonesche
Fraxinus latifolia (S. 119)

Unpaarig gefiederte Blätter

Behaarter Hickory
Carya tomentosa (S. 95)

Königsnuß
Carya laciniosa (S. 94)

Weißesche
Fraxinus americana
(S. 118)

Bitternuß
Carya cordiformis (S. 94)

Gemeine Walnuß
Juglans regia
(S. 125)

Kaukasische Flügelnuß
Pterocarya fraxinifolia (S. 178)

Oregonesche
Fraxinus latifolia (S. 119)

Flügelnuß-Hybride
Pterocarya x *rehderiana*
(S. 179)

Unpaarig gefiederte Blätter

Amur-Korkbaum
Phellodendron amurense
(S. 144)

Gemeine Esche
Fraxinus excelsior (S. 119)

Schmalblättrige Esche
Fraxinus angustifolia (S. 118)

Gemeine Dornenesche
Amerikanisches Gelbholz
Zanthoxylum americanum (S. 214)

Sargent-Vogelbeere
Sorbus sargentiana (S. 201)

Picrasma
Picrasma quassioides (S. 152)

Unpaarig gefiederte Blätter

Japanische Vogelbeere
Sorbus commixta
(S. 198)

**Chinesische
Scharlach-
Vogelbeere**
Sorbus 'Embley'
(S. 199)

Speierling
Sorbus domestica
(S. 198)

Vogelbeere
Sorbus 'Joseph Rock' (S. 200)

**Christusdorn,
Lederhülsenbaum**
Gleditsia triacanthos (S. 121)

Hupeh-Vogelbeere
Sorbus hupehensis (S. 199)

**Amerikanische
Bergvogelbeere**
Sorbus americana
(S. 197)

Vogelbeere
Sorbus aucuparia
(S. 198)

Unpaarig gefiederte Blätter

Pagoda-Baum
Sophora japonica (S. 197)

Dipteronia
Dipteronia sinensis (S. 113)

Blasenbaum
Koelreuteria paniculata
(S. 128)

Chinesisches Gelbholz
Cladrastis sinensis (S. 103)

Japanische Walnuß
Juglans ailantifolia (S. 125)

Klebrige Scheinakazie
Robinia viscosa (S. 193)

Scheinakazie
Robinia pseudoacacia
(S. 192)

Unpaarig und paarig gefiederte Blätter

Chinesische Zeder
Cedrela sinensis
(S. 97)

**Hirschkolben-Sumach
Essigbaum**
Rhus typhina (S. 192)

Lack-Essigbaum
Rhus verniciflua
(S. 192)

Götterbaum
Ailanthus altissima (S. 82)

Amerikanische Walnuß
Juglans cinerea (S. 125)

Schwarznuß
Juglans nigra (S. 125)

Geweihbaum
Gymnocladus dioica (S. 121)

Baum-Aralie
Aralia spinosa (S. 84)

**Mimose,
Silberakazie**
Acacia dealbata (S. 65)

Abies, **Tanne;** Familie Pinaceae. Eine Gruppe immergrüner Koniferen mit einzelstehenden Nadeln, einhäusig, d.h. männliche und weibliche Blüten auf einem Baum zusammen vorkommend. Kompakte, aufrechte zylindrische Zapfen auf den Wipfelzweigen, bei Reife zerfallend, oft von Eichhörnchen zerkleinert, die Zapfenspindel bleibt auf dem Zweig sitzen.

Weißtanne
Edeltanne

Abies alba
Heimisch in den mitteleuropäischen Gebirgen (Thüringer Wald bis 800 m, Schwarzwald bis 1200 m, Pyrenäen bis 2000 m). Empfindlich gegen Frühfrost und Tannenlaus. In der frühen Jugend langsam, später rasch wachsend, größte Höhe bis 70 m, Durchmesser bis 2 m, Alter bis 800 Jahre. Männliche Kätzchenblüten auf der Unterseite der Vorjahrestriebe, Pollenflug im Frühjahr. Weibliche Zapfen erst grün, dann rotbraun, 3 × 12 cm, mit abwärts gebogenen Deckschuppen (links außen). Nadeln (S. 15) mit weißen Streifen unterseits, an der Spitze gekerbt. Borke (links) dunkelgrau mit ungefähr rechteckigen Schuppen.

Purpurtanne
Pazifische Weißtanne

Abies amabilis
Heimisch in den Bergen von Südostalaska bis Vancouver, Island, Oregon und Washington. Außerhalb des natürlichen Vorkommens gelegentlich als Zierbaum gepflanzt, meist aber nur in Arboreten. Die Baumhöhe kann im nördlichen Verbreitungsgebiet 75 m erreichen, ist im allgemeinen aber niedriger. Zahlreiche, kugelige männliche Blüten an der Unterseite der Triebe, Pollenausschüttung im April. Weibliche Zapfen erst rot, später dunkelviolett, 10–15 cm lang und 5–6 cm breit (links außen). Beim Zerreiben geben die Nadeln (S. 15) einen starken Geruch nach Mandarinen ab. Die Borke (links) ist grau mit weißen Flecken.

Santa-Lucia-Tanne

Abies bracteata
Heimisch auf Felsen in Schluchten und auf Gipfeln der Santa-Lucia-Berge, Kalifornien, in Höhenlagen um 900 m. Angebaut als Zierbaum, vor allem in Italien. Höhe bis 45 m. Die 2–3 cm langen männlichen Zapfen stehen in Büscheln an der Unterseite von Trieben (links außen, unten), die Pollenausschüttung erfolgt Ende Mai. Die einzeln stehenden weiblichen Zapfen (links außen, oben) sind unverwechselbar, sie werden etwa 10 cm lang (links). Die Art läßt sich an den 5 cm langen, stechenden Nadeln (S. 15) und an den kastanienbraunen spitzen, buchenähnlichen Knospen erkennen und unterscheiden.

Griechische Tanne

Abies cephalonica
In den Bergen und auf einigen Inseln
Süd-Griechenlands heimisch, als Zierbaum
in Parks angebaut. Höhe bis 50 m, meist
aber nur bis 25–30 m. Blüte im April;
männliche Blüten sind erst rot (links unten),
werden dann gelb; die weiblichen Blüten
sind grün und etwa 2,5 cm lang (links oben).
Die weiblichen Zapfen werden bis 10 cm
lang (links innen). Die stechend spitzen
Nadeln stehen allseitig, vor allem nach
oben, ab. Knospen und Deckschuppen
der Zapfen harzig. Die Borke (S. 216)
ist dunkelbraun und kleinschuppig.

**Coloradotanne
Amerikanische
Weißtanne**

Abies concolor
Heimisch in Colorado, Arizona,
Süd-Kalifornien, Utah und Mexiko.
Zahlreiche Standortrassen, die sich in der
Wuchsform unterscheiden. Anbau in
Arboreten, Parks und im Wald. Baumhöhe
bis 50 m. Blüten (links außen) öffnen sich
Ende April, die männlichen sind rundlich
und gelb, die weiblichen Blüten gelbgrün,
die blühenden Zapfen ungefähr 2–5 cm
lang, bei Reife 7,5–12,5 cm lang und
dunkelviolett bis hell-gelbgrün (links).
Nadeln (S. 15) 4–8 cm lang, beidseitig
mattgrün, riechen zerrieben stark nach
Zitronen.
A. concolor var. *lowiana* **Lows Tanne**
Raschwüchsiger und häufiger angebaut,
heimisch in der Sierra Nevada und an
einigen Stellen in Küstennähe in Oregon.
Nördliche Form mit flach zweireihigen
Nadeln und südliche Form mit säbelförmig
nach oben gebogenen Nadeln.

Delavays Tanne

Abies delavayi
Heimisch in Westchina, selten angebaut.
Blüten und Zapfen ähneln var. *georgii*
(s. unten), jedoch haben die dunkelvioletten
Zapfen kleinere dornähnliche
Deckschuppen. Nadelenden rund und
gewöhnlich gekerbt.

A. delavayi var. *forrestii* **Forrests Tanne**
Heimisch in Yünnan und Szechuan, ist
sie wahrscheinlich die am meisten
angepflanzte Varietät. Ähnlich der var.
georgii, aber mit längeren und tief
eingekerbten Nadeln und kürzeren und
schmaleren Zapfenschuppen (links außen,
oben, Baumzeichnung links).
A. delavayi var. *georgii*
Die Blüten (links außen, unten) öffnen
sich Ende April, die dunkelvioletten
weiblichen Zapfen (links) werden etwa
6–10 cm lang und haben auffällig lange
Schuppen. Die Nadeln (S. 15) sind gekerbt,
Unterseite mit zwei weißen Streifen, im
ersten Jahr gewöhnlich bläulich
(Baumzeichnung rechts).

**Momi-Tanne
Japanische Tanne**

Abies firma
Heimisch im subtropischen Kastanienklima
Süd-Japans; angebaut zur Holzzucht, in
Arboreten und als Zierbaum in Parks.
Höhe in Japan bis zu 50 m, sonst meist
20–30 m. Pollenflug Ende April, die
weiblichen Blüten, bis 2,5 cm lang (links
außen, unten), entwickeln sich zu 8 cm
langen Zapfen (links). Die ledrig-steifen,
lanzettlichen Nadeln (S. 15) sind
zweigescheitelt, tief zweispitzig, dunkelgrün
und auf der Unterseite silbrig. Die Farbe
der Rinde ist rötlich-grau.

Große Küstentanne

Abies grandis
Weite Verbreitung im Nordwesten der
USA und im Westen Kanadas, im Süden
bis Süd-Kalifornien, von der Küste weit
in das Landesinnere vordringend,
forstwirtschaftlich wichtig, raschwüchsig
und anspruchslos. Höhe bis 90 m im Urwald,
hohe Biomassenerzeugung. Die männlichen
Blüten (links außen, unten) in der
Wipfelregion sind kleiner als bei anderen
Tannen, Pollenflug im April. Weibliche
Zapfen 7–8 cm lang, zuerst hellgrün, im
reifen Zustand im Oktober dunkelbraun
(links), Deckschuppen nicht sichtbar. Nadeln
sehr unterschiedlich lang, riechen zerrieben
nach Mandarinen, zwei weiße Streifen
auf der Unterseite, lichte Benadelung,
meist deutlich gescheitelt.

Nikko-Tanne

Abies homolepis
Heimisch in der Eichenwaldzone
Zentral-Japans, als Zierbaum in Parks.
Höhe bis 30 m, relativ empfindlich gegen
Luftverschmutzung. Leuchtend hellgrüne
männliche Blüten, 2,5 cm lang, Pollenflug
Ende April; die weiblichen Zapfen (links
außen) werden 3–7 cm lang, färben sich
während des Sommers dunkel violett-blau
und sind im Oktober im reifen Zustand
dunkel violett-braun (links). Die 1,5–3,7 cm
langen Nadeln (S. 15) sind oben grün,
unterseits zwei weiße Spaltöffnungsstreifen.
Die kleinschuppige Borke (S. 216) ist
rötlich-grau bis violett-grau.

Koreanische Tanne

Abies koreana
Heimisch in Bergwäldern Koreas, wegen ihres frühen Fruchtens und langsamen Wuchses gern als Zierbaum in Gärten angebaut, Höhe bis 20 m, in Gärten geringer, Blütezeit im Mai. Die männlichen Blüten sind über die ganze Krone verteilt, die weiblichen auf die oberen Zweige begrenzt (links außen). Die reifen Zapfen (links) werden 5–7,5 cm lang und sind gewöhnlich mit weißem Harz überzogen. Die Nadeln sind nur 1–2,5 cm lang mit stumpfen, gekerbten Spitzen und leuchtend weißer Unterseite. Die dunkle Rinde ist mit Lenticellen bedeckt.

Felsengebirgstanne

Abies lasiocarpa
Heimisch in den Hochlagen der Gebirge von Alaska bis Arizona, schlanker, langsamer Wuchs, daher gelegentlich als Zierbaum in Gärten angebaut. Erreicht im Heimatgebiet Höhen von 40 m, in den Hochlagen weniger. Pollenflug im April, die weiblichen Blüten (links außen, unten) entwickeln sich zu dunkelvioletten, später braunen Zapfen mit Harzflecken (links), die im Oktober zerfallen. Die 2,5–4 cm langen, wachsigen blau-grünen Nadeln (S. 16) sind oft aufwärts gekrümmt und geben beim Zerreiben einen starken Balsamgeruch ab.

Prachttanne

Abies magnifica
Heimisch in Oregon und Kalifornien in Höhenlagen von 1500–3000 m, als Zierbaum in Amerika und seltener in Europa angepflanzt. Langsamwüchsig, etagenförmig angeordnete waagerechte Zweige, Baumhöhen bis 70 m. Die Blüten (links außen) öffnen sich im Mai, weibliche Zapfen bis 20 cm lang und zylindrisch, von goldgrün oder violett bis im Reifezustand braun. Die aufwärts gebogenen 2–3 cm langen Nadeln (S. 16) werden im Alter fast vierkantig. Die Borke ist braun und korkig, bei alten Bäumen in Kalifornien rot.

Nordmannstanne

Abies nordmanniana
Heimisch im Kaukasus und Gebirgen
Kleinasiens bis 2000 m ü.d.M., beliebter
Zierbaum in Gärten, aber anfällig gegen
Trieblaus. Baumhöhe bis 50–60 m, meist
geringer. Die Blüten (links außen) öffnen
sich Ende April, die männlichen (unten)
an Zweigen der ganzen Krone, die
weiblichen (oben) im Wipfel vorkommend.
Die anfangs grünen Zapfen (links) werden
im Reifezustand 15 cm lang und braun.
Nadeln (S. 16) im Schatten zweizeilig, im
Licht kürzer und bürstenartig nach oben
gerichtet. Die Borke ist grau und glatt,
im Alter rechteckig-plattig.

Algier-Tanne
Numidische Tanne

Abies numidica
Heimisch in den Gebirgen Algeriens bis
2000 m ü.d.M., als harter Zierbaum viel
in Gärten angepflanzt. In der Jugend
schnellwachsend bis zu 25 m, blüht im
April (links außen), die weiblichen Blüten
(oben) entwickeln schmale, zylindrische,
bis 17 cm lange Zapfen (links), im reifen
Zustand braun und harzig, Deckschuppen
verdeckt. Die auffallend kurzen und breiten,
abgerundeten Nadeln (S. 16) sind bürstig
nach oben gebogen, Oberseite dunkel
bläulich-grün, Unterseite mit zwei weißen
Streifen. Die Borke ist blaß rötlich-grau
bis orange, bricht plattig auf.

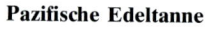

Pazifische Edeltanne

Abies procera
Heimisch in den Kaskaden in Washington
und Oregon in 600–1700 m ü.d.M.,
raschwüchsige Nutzholzart, bis über 60 m
Baumhöhe, beliebter Zierbaum, aber in
Europa nicht sehr winterhart. Die schon
früh gebildeten Blüten (links außen) öffnen
sich im Mai. Die weiblichen Zapfen (links)
werden 20–25 cm lang und haben gezahnte,
nach unten umgeklappte Deckschuppen.
Die Nadeln (S. 16) sind blau-grün, an der
Triebunterseite stark gescheitelt und nach
oben gekrümmt, obere Nadeln kürzer.
Die Rinde ist hellgrau bis violett-grau,
im Alter mit tiefen Rissen.

65

Veitchs Tanne

Abies veitchii
Heimisch in Zentral-Japan in 2000 m
ü. d. M., winter- und rauchharter Zierbaum
in Gärten, beliebter Weihnachtsbaum.
Raschwüchsig, aber kurzlebig, Baumhöhen
15–25 m, Krone oft auffällig kegelförmig.
Blüten (links außen) öffnen sich im April,
die weiblichen Blüten sind blau-violett.
Die 6–8 cm langen Zapfen sind im
Reifezustand braun. Die Benadelung (S. 16)
ist ähnlich der von *A. nordmanniana*, aber
dichter und weicher. Die 10–25 mm langen
Nadeln sind auf der Oberseite glänzend
grün, unterseits auffallend silbrig-weiß.
Die Borke ist dunkelgrau, manchmal
weißfleckig.

**Mimose
Silberakazie**

Acacia dealbata; Familie Leguminosae
Immergrüner Laubbaum, heimisch in
Südostaustralien und Tasmanien, in Mittel-
und Südeuropa wegen der duftenden, gelben
Blüten (rechts) in geschützten Lagen im
Freien und in Gewächshäusern angebaut.
Baumhöhe bis 24 m, Durchmesser bis 1 m,
meist aber buschig. Blütendurchmesser
0,5 cm, Blütezeit von Januar bis März.
Die Früchte sind bläulich weiße Hülsen,
5–7 cm lang und 1 cm im Durchmesser.
Die Fiederblättchen (S. 59) sind 2 cm lang.
Die Rinde junger Bäume ist hellgrüngrau
(rechts außen), wird aber braun bis fast
schwarz im Alter.

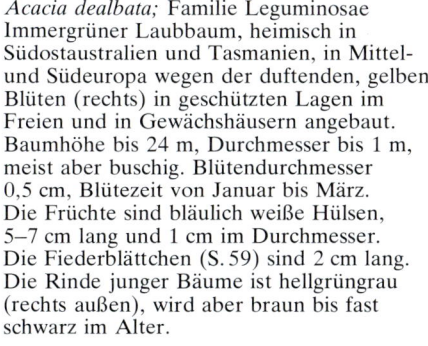

Acer, **Ahorn;** Familie Aceraceae
Laubabwerfende Bäume oder Büsche,
gegenständige, meist gelappte Blätter und
auffällig geflügelte Früchte, volkstümlich
,,Nasen'', ähnlich den Früchten der Eschen,
aber paarig.

**Feldahorn
Maßholder**

Acer campestre
Heimisch in Europa, sommergrüner
buschiger Baum in Feldgehölzen und Hek-
ken, Holz zum Drechseln und Schnitzen
geeignet. Baumhöhe 5–20 m. Die relativ
kleinen, stumpflappigen Blätter (links außen)
führen Milchsaft. Die Blüten (links außen)
sind Zwitter, die in aufrechten Doldenrispen
sich Ende April oder Anfang Mai öffnen,
Früchte hängend, Flügel waagerecht
ausgespreizt (links). Die Blätter (S. 45)
färben sich im Herbst (S. 76) gelb bis rot.
In Südeuropa kommen Hybriden mit
A. monspessulanum und *A. sempervirens*
vor, was die Bestimmung erschwert.

Schlangenahorn

Acer capillipes
Heimisch in Japan, in Parks und Gärten, angebaut als Busch bis Halbbaum, bis 9–14 m hoch werdend. Blüht (links außen) im Mai, ungefähr 25 Blüten an einer gebogenen Traube, Früchte (links innen) mit 1–2 cm langen Flügeln, die in einem Winkel von 120–180° stehen. Die Blätter ähneln denen des Pennsylvanischen Ahorns und Grauen Schlangenahorns, doch fehlt ihnen die rostfarbene Behaarung auf der Unterseite.
Die auffallende und sehr schöne Herbstfärbung ist orange bis rot (links). Die grün und silbrig gestreifte Rinde (S. 216) erinnert an Schlangenhaut.

Kappadozischer Ahorn

Acer cappadocicum
Vorkommen in Gebirgen vom Kaukasus, Himalaja bis China, angebaut in Europa in Arboreten, Parks, Gärten und als Straßenbaum. Wächst schnell und erreicht eine Höhe von 25 m und einen Stammdurchmesser von 80 cm. Blüht (links außen) im Mai, Blüten 5–8 mm breit mit 5 hellgelben Blütenblättern, etwa 15 an einer aufrechten Dolde. Die Früchte (links) haben etwa 7 cm lange, weitwinkelig auseinanderstehende Flügel. Die Blätter (S. 44) haben Haarbüschel in den Nervenachseln auf der Unterseite, Herbstfärbung goldgelb (S. 76).
A. cappadocicum 'Aureum' hat beim Austrieb gelbe Blätter, die im Sommer grün, im Herbst wieder gelb werden.
A. cappadocicum 'Rubrum' unterscheidet sich durch beim Austrieb rote Blätter.

Japanischer Hainbuchenahorn

Acer carpinifolium
Heimisch in Japan, selten in Arboreten, kleiner Baum bis 15 m Höhe in Japan, weniger in Europa. Blüht (links außen) Ende April bis Anfang Mai in 10–12 cm langen Trauben. Die Früchte (links) haben zwei etwa 1,5 cm lange, nach unten gebogene Flügel.
Die Blätter (S. 26) ähneln Hainbuchenblättern, lassen sich aber durch ihre gegenständige Anordnung leicht unterscheiden. Die Herbstfärbung ist ein kräftiges Braun bis Gelb.

**Amerikanischer
Weinblättriger
Ahorn**

Acer circinatum
Heimisch im Westen Nordamerikas, kommt
als kleiner Strauch bis Halbbaum im
Unterstand küstennaher Wälder von Britisch
Kolumbien bis zum Sacramento-Fluß in
Kalifornien vor. Das Holz ist schwer, dicht
und zäh und wurde früher von den Indianern
für Rahmen von Fischernetzen verwendet.
Der Baum eignet sich für kleinere Gärten
in Europa. Der Wuchs ist gedrungen, oft
buschig, Zweige bewurzeln sich bei
Bodenberührung.
Die Blüten (links außen) sind für einen
Ahorn ungewöhnlich leuchtend und tragen
männliche und weibliche Teile in getrennten
Blüten an der gleichen Dolde. Die Früchte
(links) haben 3,7 cm lange, fast 180° auseinanderstehende, in der Jugend leuchtend
rote Flügel. Die Blätter (S. 46) erinnern
an Weinblätter und färben sich im Herbst
orangerot bis leuchtend rot (S. 76).

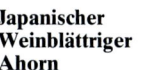

**Japanischer
Weinblättriger
Ahorn**

Acer cissifolium
Heimisch in Japan, angebaut in Parks und
Arboreten. Baumhöhe bis 9 m,
Stammdurchmesser bis 30 cm. Blüte im
Mai, männliche und weibliche Blüten (links
außen) in paarigen, 10–12 cm langen
Trauben. Die Früchte (links) haben
rötlich-grüne, 2–3 cm lange Flügel, Winkel
weniger als 60°, enden fast parallel. Die
Blätter (S. 50) sind dreiblättrig und mit
dünnen, roten Blattstielen. Ebenfalls geteilte
Blätter haben der Eschenahorn (*A. negundo*)
und der Nikkoahorn (*A. nikoense*). Die
Herbstfärbung ist hellgelb und rot.

Weißdornblättriger Ahorn

Acer crataegifolium
Heimisch in Japan, angebaut in Parks und
Arboreten. Kleiner, schlanker Baum mit
Baumhöhe bis 9 m. Blüht (links außen)
im April in aufrechten Dolden, 3–5 cm
lang. Die Früchte (links) haben 2–2,5 cm
lange grünlich-rote Flügel, die fast 180°
auseinanderstehen. Die Blätter (S. 38)
sind ungleichförmig gezähnt mit roten
Stielen, kräftig rötlich-grün. Die Rinde
ist grün mit senkrechten weißen Streifen,
vor allem an jungen Trieben, und erinnert
an Schlangenhaut.

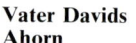

**Vater Davids
Ahorn**

Acer davidii
Heimisch in China und dort von dem
französischen Missionar David entdeckt.
Eine sehr variable Art mit verschiedenen
Formen, oft falsch bestimmt und mit
anderen Schlangenhautahornarten
verwechselt.
Mindestens 4 Formen werden kultiviert,
2 davon sind:
A. davidii 'George Forrest'. Ein schmaler
offenkroniger Baum, bis 14 m hoch
(Zeichnung oben links). Junge Triebe sind
violett bis dunkelrot, Blätter (S. 34) flach,
länger und breiter als bei den anderen
Formen mit schwacher Herbstfärbung.
A. davidii 'Ernest Wilson' ist kleiner und
ausladender (Zeichnung oben rechts) und
hat schmalere Blätter (S. 34), die deutlich
gefaltet sind (links). Herbstfärbung orange.
Blüht im Mai, Blüten (links außen die
Wilson-Form) in 7,5–10 cm langen Ähren.
Die Früchte haben 2,5–3,7 cm lange Flügel
(links innen die Forrest-Form). Die Rinde
ist grün mit weißen Streifen.

Lindenblättriger Ahorn

Acer distylum
Heimisch in Japan, angebaut nur in größeren
Arboreten. Baumhöhe bis 9 m, im
natürlichen Verbreitungsgebiet bis 15 m.
Blüht im Mai in aufrechten, 7,5–10 cm
langen Trauben (links außen). Die Früchte
(links) stehen ährenförmig aufrecht (die
meisten Ahornarten haben hängende
Fruchtstände). Die Flügel sind 2,5 cm lang.
Die Blätter (S. 39) ähneln Lindenblättern,
sind aber schmaler, und ihre Stengel können
rötlich oder rot sein. Die Rinde ist grün
mit orangefarbenen Streifen.

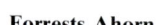

Forrests Ahorn

Acer forrestii
Heimisch in China, von George Forrest
Anfang dieses Jahrhunderts entdeckt, wird
bis zu 12 m hoch. Blüht im Mai, Blüten
(links außen) in gebogenen, bis 10 cm
langen Ähren. Die Früchte (links) haben
2,5 cm lange, fast waagerecht
auseinanderstehende Flügel. Die Blätter
(S. 43) haben rote Stengel, auf der
Unterseite büschelige Behaarung und
bleiben im Herbst grün. Die Rinde ist
grün mit vertikalen Streifen, ähnlich der
anderer Schlangenhautrinden.

Amurahorn

Acer ginnala
Heimisch in China, Japan und der
Mandschurei, wird heute auch gerne in
kleinen Gärten gepflanzt. Ein ziemlich
kleiner Baum, bis 9 m hoch, oft nur buschig.
Blüht im Mai. Die Blüten (links außen)
in aufrechten, dichten, 3–4 cm breiten
Büscheln. Die Fruchtstände (links) hängen,
die Früchte haben fast parallel zueinander
stehende, 2,5 cm lange Flügel. Die Blätter
(S. 43) haben rote Stengel und eine meist
rote Mittelrippe. Im frühen Herbst werden
sie leuchtend karminrot.

Amerikanischer Felsenahorn
Zwergahorn

Acer glabrum
Heimisch im Westen Nordamerikas an
Bergflüssen in 1500–1800 m Höhe.
Baumhöhe bis 9–12 m, angebaut meistens
kleiner und buschig. Blüht Ende April,
die männlichen und weiblichen Blüten
(links außen) gewöhnlich auf verschiedenen
Bäumen. Die Früchte (links) haben 2,5 cm
lange, nach innen gebogene Flügel. Die
Blätter (S. 44) sind 3- oder 5lappig,
gelegentlich auch 3fiedrig.

Lappenblättriger Ahorn

Acer grandidentatum
Heimisch im Westen Nordamerikas, einziger
Ahorn der Flußtäler des südlichen
Felsengebirges, nahe verwandt mit dem
Zuckerahorn *(A. saccharum)*. Busch oder
kleiner Baum bis 9–12 m hoch. Blüht im
Mai, männliche oder weibliche Blüten
in einem Blütenstand. Die Früchte haben
1–2 cm lange Flügel, erst rötlich, später
grün. Die Blätter (S. 46) verfärben sich
im Herbst rot und gelb. Die Rinde ist braun
und schuppig.

Papierahorn

Acer griseum
Heimisch in China, wird wegen seiner
schmucken Rinde (S. 216) oft in Gärten
angepflanzt. Baumhöhe bis 14 m. Blüht
im Mai in Büscheln von 3 oder 5 Blüten
(links außen). Die Früchte (links) sind
ungewöhnlich groß, mit 3–7 cm langen
Flügeln, die stark nach unten gebogen
sind, aber weniger parallel stehen als bei
A. glabrum. Die Blätter (S. 50) sind 3fiedrig
und färben sich im Herbst leuchtend rot
und orange. Auffallend zimtrote, streifig
abblätternde Borke (S. 216).

Grossers Ahorn

Acer grosseri var. *hersii*
Heimisch in der chinesischen Provinz Honan,
verbreitet in Parks und Gärten. Höhe bis
14 m. Blüht im Mai, 10–15 Blüten an einer
langen Ähre (links außen). Die Früchte
haben große, 5 cm lange, grüne, weit
auseinanderstehende Flügel (links). Die
Blätter (S. 43) schwach gelappt,
Herbstfärbung gelb, orange und rot (S. 189).
Die Rinde ist schlangenhautartig grün mit
silbrigen Streifen.

Heldreichs Ahorn

Acer heldreichii
Heimisch in Bergwäldern der
Balkanhalbinsel, angebaut in Arboreten.
Baumhöhe bis 19 m, Stammdurchmesser
bis 60 cm. Blüht Ende Mai, die gelben
Blüten stehen in aufrechten, endständigen
Ähren. Die Früchte haben 60°
auseinanderstehende, nach unten gebogene,
2,5–5 cm lange Flügel. Die Blätter (S. 45)
sind tief gelappt und erscheinen fast 3fiedrig.
Die Blattrippen sind unterseits braun
behaart. Die Herbstfärbung ist gelb,
manchmal rot.

Balkanahorn

Acer hyrcanum
Heimisch in Südosteuropa, in einigen
Arboreten vertreten. Wächst langsam bis
6–15 m Baumhöhe. Blüht im April, Blüten
in Büscheln von etwa 20 Blüten (links
außen). Die Früchte (links) haben 1–2 cm
lange, steil nach unten gebogene Flügel,
die fast parallel stehen. Die Blätter (S. 45)
sind denen des Italienischen Ahorn
(*A. opalus*) ähnlich, aber tiefer gelappt
und haben 10 cm lange, schmale gelbe
oder rötliche Stengel.

**Japanischer Mondahorn
Flaumahorn**

Acer japonicum
Heimisch in Japan. Häufig in Gärten und
Arboreten. Baumhöhe bis 9 m. Blüht Mitte
April, die Blüten (links außen) sind
leuchtend rot. Die Früchte (links) sind
erst leicht flaumig, mit
weitauseinanderstrebenden, 2,5 cm langen
Flügeln und roten Stengeln. Die jungen
Blätter sind behaart (S. 46), Form fast
kreisrund, mit 7–11 deutlichen, ca. ¹/₃
angeschnittenen Lappen, bleiben im Herbst
grün.
A. japonicum 'Aconitifolium',
Eisenhutblättriger Ahorn. Blätter tief
eingeschnitten, mit gezahnten Lappen.
Herbstfärbung dunkelrot (S. 76). Wird
etwa 3 m hoch, meist buschig.
A. japonicum 'Vitifolium' ist der typischen
Form ähnlich, wird aber bis 13 m hoch,
die größeren Blätter färben sich im Herbst
leuchtend rot (S. 76).

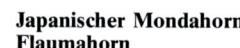

Kreidiger Ahorn

Acer leucoderme
Heimisch im Südosten der Vereinigten
Staaten, vor allem in Georgia und Alabama,
ähnlich dem Zuckerahorn *(A. saccharum)*.
Gelegentlich als Straßenbaum verwendet.
Strauch bis Halbbaum, 6–7,5 m hoch
werdend. Blüht (links außen) Ende April,
männliche und weibliche Blüten in einem
Büschel. Die Früchte (links) sind leicht
behaart in der Jugend und haben 1–2 cm
lange, 90–100° auseinanderstehende Flügel.
Die Blätter (S. 44) sind 3- bis 5lappig und
färben sich im Herbst oft rot.

Oregonahorn

Acer macrophyllum
Einziger baumartiger Ahorn von 5 Arten
an der Westküste Nordamerikas von
Südwestalaska bis Kalifornien, vorwiegend
in Talgründen und Schluchten, angebaut
in Arboreten und Parks. Großer Baum
bis 30 m. Blüht im April, duftende, gelbliche
Blüten in 25 cm langen Trauben (links
außen). Die Früchte haben 3–5 cm lange
Flügel, die im Winkel von 80–90°
auseinanderstehen (links). Die Blätter
(S. 45) sind mit bis 30 cm Breite
ungewöhnlich groß und tief (halbe
Lappenlänge) gelappt. Herbstfärbung
leuchtend orange, auf weniger zusagenden
Standorten angebaut Herbstfärbung
unauffällig.

Miyabes Ahorn

Acer miyabei
Heimisch in Japan, dem europäischen
Spitzahorn *(A. platanoides)* sehr ähnlich,
jedoch nur bis 15 m hoch werdend. Blüht
im Mai, Blüten (links außen) in 5–7 cm
langen Trauben. Die Nußfrüchte (links)
mit Haaren und 1–2 cm langen, 180–190°
auseinanderstehenden, nach oben gebogenen
Flügeln. Die Blattspreiten (S. 44) färben
sich im Herbst gewöhnlich gelb, die Stengel
rot.

Felsenahorn

Acer monspessulanum
Heimisch in Südeuropa und Westasien,
kommt auf trockenen, sonnigen
Felsabhängen vor, angepflanzt in Arboreten,
Gärten und Parks, als Hecke in Südeuropa.
Strauch oder kleiner Baum bis etwa 15 m
hoch werdend. Blüht im Juni, die gelbgrünen
Blüten (links außen) in überhängenden
Doldenrispen, Früchte mit fast parallelen,
nach unten gebogenen, 2,5 cm langen
rötlichen Flügeln (links). Die Blätter (S. 43)
sind dreilappig, in der Jugend weichhaarig,
denen des Kretischen Ahorns ähnlich, aber
im Herbst früher abfallend. Nicht-milchend.
Die Rinde ist dunkel, fast schwarz, mit
vertikalen Rissen.

Eschenahorn

Acer negundo
Weitverbreitet im östlichen und
südwestlichen Nordamerika, bevorzugt
Sumpfgebiete, Flußebenen und Täler. Früher
Gewinnung von Ahornsirup, heute nur
noch als Zierbaum bedeutend. Busch bis
ausladender Baum, max. bis 20 m Höhe
und 60 cm Stammdurchmesser. Die
männlichen und weiblichen Blüten (links
außen) erscheinen vor dem Laubausbruch
im April auf verschiedenen Bäumen, die
männlichen (oben) in dichten, roten
Büscheln, die weiblichen in langen,
hängenden, grünen Trauben. Die
Fruchtflügel klaffen etwa 60° auseinander
und sind 3–3,7 cm lang (links). Das
Fiederblatt (S. 53) hat bis 5, seltener 7
Blättchen. Die Herbstfärbung ist gelb (S. 77).
A. negundo 'Variegatum', ein weiblicher
Klon mit grün-weißen panaschierten Blättern
und Früchten, beliebter Baum für Alleen
und Gärten.

Schwarzer Ahorn

Acer nigrum
Kommt im nordöstlichen Teil Nordamerikas
zusammen mit dem ihm ähnlichen
Zuckerahorn (*Acer saccharum*) vor.
Geschätzter Parkbaum, Höhe bis 24 m.
Blüht im April, Blüten und Früchte grün,
in endständigen, grünen Büscheln, ähneln
denen des Zuckerahorns (S. 78). Die
3lappigen, selten 5lappigen Blätter (S. 44)
sind mattgrün und auf der gelb- bis
braungrünen Unterseite flaumig behaart,
Herbstfärbung klar gelb.

Nikko-Ahorn

Acer nikoense
Verbreitet, aber selten in Hondo, Japan,
und Mittelchina, kleiner Baum der
Bergregion bis 15 m hoch und 30 cm stark.
Wegen der Herbstfärbung und des
langsamen Wuchses geschätzt für kleine
Gärten. Blüht im Mai, Blüten (links außen)
in dreiblütigen, behaarten Dolden. Die
Früchte (links) sind flaumig, 3,5–7 cm
lang mit behaarten Stengeln. Blattspreiten
und -stengel behaart (S. 50), Herbstfärbung
leuchtend rot und gelb (S. 77).

Italienischer Ahorn

Acer opalus
Heimisch in Mittel- und Südeuropa,
angebaut als Zierbaum, Busch bis Halbbaum
von 9–19 m Höhe. Blüht im April bei
Laubausbruch. Die Blüten (links außen)
auffallend leuchtend gelb, in hängenden
Büscheln. Die Früchte (links) haben 2,5 cm
lange, steilwinkelig gespreizte, nach unten
gebogene, rötlich-grüne Flügel. Die reifen
Nüsse sind rot. Die Blätter (S. 44) ähneln
denen des Bergahorns *(A. pseudoplatanus),*
sind aber kleiner und haben drei tief
eingeschnittene Lappen. Die Blattbasis
ist gewöhnlich stärker herzförmig als auf
der Abbildung.

Fächerahorn

Acer palmatum
Heimisch in Japan, China und Korea, häufig
in Gärten und Parks angepflanzt. Busch
oder auf zusagenden Standorten Halbbaum
bis 10 m hoch. Blüht Anfang April, Blüten
(links außen) klein, 0,6–0,8 cm,
purpurfarben, in aufrechten Doldenrispen.
Die Früchte (links) mit stumpfwinkelig
gespreizten Flügeln stehen bei manchen
Formen in aufrechten Büscheln, bei vielen
angepflanzten Formen hängend. Die Blätter
(S. 46) sind 5- bis 7lappig, tief
eingeschnitten, frischgrün und im Herbst
schön karminrot und violett (S. 76). Viele
Sorten sind gezüchtet worden, die
bekanntesten und häufigsten werden im
folgenden beschrieben.

Acer palmatum 'Atropurpureum'
Purpur-Fächerahorn
Eine Sorte des Fächerahorns, als
Gartenbaum sehr beliebt. Höhe bis 10 m.
Blüht im April, Blüten (links außen)
unscheinbar, Früchte (links) stumpfwinkelig
gespreizt mit rötlichen Flügeln, auffallend
dunkelrotgrüne Blätter, tiefeingeschnitten,
5- bis 7lappig.
A. palmatum 'Dissectum' hat sehr tief
eingeschnittene 7- bis 11lappige, grüne
Blätter, die ihm ein farnähnliches Aussehen
verleihen.
A. palmatum 'Dissectum Atropurpureum'
wie voriger, aber mit purpurroten Blättern.
A. palmatum heptalobum 'Osakazuki' hat
tief eingeschnittene 7lappige Blätter, im
Sommer grün, leuchtend rot im Oktober.
A. palmatum 'Senkaki' Korallenahorn,
tieflappige gelblich-grüne Blätter, die sich
im Oktober karminrot färben. Im Winter
sind die diesjährigen Triebe auffallend
leuchtend korallenrot.

Pennsylvanischer Streifenahorn

Acer pennsylvanicum
Heimisch im Nordosten Nordamerikas
von Neuengland, Quebec und Wisconsin
bis Georgia, im Unterwuchs von Wäldern
auf feuchten Standorten. Angepflanzt als
Zierbaum in Gärten und Parks, besonders
beliebt wegen der gestreiften Rinde und
der dekorativen Früchte. Busch bis kleiner
Baum von 9–12 m Höhe. Blüht im Mai,
die gelben Blüten (links außen) an 15 cm
langen, hängenden Trauben. Die Früchte
(links) haben 2,5 cm lange, stumpfwinkelig
auseinanderstehende Flügel. Die Blätter
(S. 43) sind groß und unterschiedlich, aber
immer mit 3 nach vorne gerichteten,
zugespitzten Lappen. Die jungen Blätter
sind leuchtend grün, später rötlich grün
(links). Die Blattstengel sind rötlich. Die
junge Rinde ist grün und wird später rötlich
braun mit senkrechten weißen Streifen
(Schlangenhautmuster).

Spitzahorn

Acer platanoides
Heimisch in Europa von der Südspitze
von Norwegen und Schweden bis zum
Mittelmeer, außer Großbritannien.
Verbreitet an Straßen, in Parks, Gärten
und Forsten angebaut. Wird etwa 20–30 m
hoch. Blüht vor Laubausbruch Ende März
oder Anfang April, Blüten gelb in haarigen
Ähren (links außen). Die Früchte (links)
haben fast waagerecht ausgespreizte Flügel,
die erst grün sind, später gelblich werden
und bis in den Winter am Baum bleiben.
Die Blätter (S. 45) sind grün, gelegentlich
dunkel rötlich grün und haben 3
Hauptlappen und mehrere fein zugespitzte
Nebenlappen, die milchsaftführenden Stengel
sind grün, im Herbst dunkelgelb (S. 189).
A. platanoides 'Goldsworth Purple' mit
größeren kräftig rotgrünen Blättern.
A. platanoides 'Schwedleri' mit beim
Austreiben dunkel karminroten Blättern,
die hell rötlich-grün verblassen (S. 45)
und im Herbst wieder leuchtend karminrot
werden.

Bergahorn

Acer pseudoplatanus
Heimisch in Mittel- und Südeuropa,
einschließlich Großbritannien, verbreitet
als Straßenbaum, in Gärten, Parks und
Forsten, bevorzugt frische, fruchtbare
Böden. In der Jugend sehr raschwüchsig,
Baumhöhe bis 35 m. Blüht vor
Laubausbruch im April, Blüten (links außen)
gelblich in 6–12 cm langen, hängenden
Trauben. Die Früchte (links) haben 2,5 cm
lange Flügel, die sich während des Sommers
rötlich bis leuchtend rot färben. Die Blätter
(S. 45) an jungen Bäumen 5lappig, an alten
Bäumen 3lappig mit 2 kleinen Basislappen.
Die Blattstengel junger Bäume sind rot
bis rötlich-grün, alter Bäume gelblich-grün.
A. pseudoplatanus 'Atropurpureum' und
'Purpureum' haben Blätter, die auf der
Oberseite dunkelgrün sind, auf der
Unterseite dunkelrot (S. 45). Andere
Varietäten haben unterschiedliche
Blattfärbungen.

Roter Ahorn

Acer rubrum
Heimisch und auf frischen Standorten
weitverbreitet im Osten Nordamerikas,
angebaut in Gärten, Parks und in Forsten.
Baumhöhe auf zusagenden Böden bis 40 m,
meist aber geringer, relativ kurzlebig,
besonders auf trockenen Böden. Blüht
vor Laubausbruch Ende März oder Anfang
April, die rötlichen männlichen und
weiblichen Blüten (links außen) in Büscheln
oft auf verschiedenen Bäumen. Früchte
ebenfalls rot an längeren Stielen als die
Blüten, mit 1 cm langen Flügeln, die im
Winkel von 60° zueinander stehen. Das
Blatt (S. 43) ähnelt dem Zuckerahornblatt
(A. saccharum), ist jedoch weniger tief
gelappt. Die rote und rotgelbe
Herbstfärbung ist sehr auffallend (links).

Grauer Schlangenahorn

Acer rufinerve
Heimisch in Japan im Unterstand von
Mischwäldern, wird häufig wegen der
attraktiven Rinde, der scharlachroten
Herbstfärbung und den weißstreifigen Ästen
in Gärten und Parks angepflanzt.
Unterscheidet sich von anderen
Schlangenahornen durch seine grauen,
flaumigen jungen Triebe. Höhe bis etwa
15 m, Durchmesser bis 35 cm, relativ
kurzlebig. Blüht Mitte April bei
Laubausbruch. Die Blüten (links außen)
sind gelb und stehen in aufrechten bis
hängenden, 7,5 cm langen Ähren. Die
Früchte (links) haben zuerst einen roten
Flaum auf den Nüßchen, stehen weit
auseinander und fallen von Juni an ab.
Die Blätter (S. 43) sind 6–12 cm lang.
Nerven an der Unterseite dicht behaart,
Herbstfärbung lebhaft karmin- bis
zinnoberrot (S. 77). Die junge Rinde ist
grün mit weißen Streifen, später
verschwindet das Weiß, die Borke wird
uneben graubraun.

Silberahorn

Acer saccharinum
Heimisch im Tiefland des ganzen Ostens
Nordamerikas, angebaut als Zierbaum
in Gärten, Parks und an Straßen auf
feuchten Böden. Oft niedrig und verzwieselt,
größte Baumhöhe bis 27–36 m. Liefert
keinen Zuckersaft. Blüht im Mai vor
Laubausbruch, Blüten (links außen) in
dichten Büscheln. Die Früchte haben
3,7–5 cm lange Stiele und gebogene, weit
ausgespreizte Flügel, schon im Juni oft
einzeln abfallend und sofort keimend.
Blätter tiefspaltig, doppelsägezähnig (S. 46),
unterseits silberweiß, Herbstfärbung lebhaft
gelb und rot (links). Die Rinde ist glatt
und grau, oft besetzt mit Wasserreisern
und Schößlingen.
A. saccharinum forma *laciniatum* hat
hängende Zweige und tief eingeschnittene,
schmallappige Blätter.

Fächerahorn
Acer palmatum (S. 73)

Feldahorn
Maßholder
Acer
campestre
(S. 65)

Acer japonicum
'*Vitifolium*' (S. 70)

Eisenhutblättr. Ahorn
Acer japonicum
'*Aconitifolium*' (S. 70)

Kappadozischer Ahorn
Acer cappadocicum (S. 66)

Amerikanischer
Weinblättriger
Ahorn
Acer circinatum
(S. 67)

Herbstfärbung der Blätter

Papierbirke
Betula papyrifera (S. 90)

Nikko-Ahorn
Acer nikoense (S. 72)

Rotbuche
Fagus sylvatica
(S. 116)

Tupelo
Nyssa sylvatica (S. 142)

Eschenahorn
Acer negundo (S. 72)

Grauer
Schlangenahorn
Acer rufinerve (S. 75)

Zuckerahorn

Acer saccharum
Heimisch im ganzen Osten Nordamerikas,
weitverbreitet bis an den Mississippi nach
Westen reichend. Angebaut als Zierbaum
in Gärten, Parks und an Straßen, als Holz-
und Zuckerlieferant in Forsten. Baumhöhen
bis 40 m. Blüht im April, Blüten (links
außen) in Büscheln an schlanken, 5 cm
langen Stielen. Die Früchte (links) haben
3–4 cm lange, fast parallel gestellte Flügel
und reifen im Herbst. Die Blätter (S. 45)
sind denen des Spitzahorns *(A. platanoides)*
ähnlich, aber die Flüssigkeit im Stiel ist
eher klar als milchig. Die Blattbasis ist
meistens weniger deutlich herzförmig als
in der Abbildung. Die Herbstfärbung ist
die prächtigste aller amerikanischen
Ahornarten in den Farben Hochrot, Orange
und Gelb.

Acer sempervirens **Kretaahorn**
Heimisch, aber selten, in den östlichen
Mittelmeerländern, angepflanzt in
Arboreten. Höhe 9–11 m, oft buschig.
Die grüngelben Blüten in 2,5 cm langen
Trauben öffnen sich im April. Die 1 cm
langen Flügel der Früchte klaffen in einem
Winkel von 60° auseinander. Die Blätter
(S. 43) können ungelappt sein und bleiben
bis tief in den Winter am Baum.

Amerikanischer Bergahorn

Acer spicatum
Heimisch im Osten Nordamerikas. Busch
bis kleiner Baum, gelegentlich als Zierbaum
in Parks und Gärten. Höhe bis 7,5 m. Blüht
im Juni, Blüten (links außen) in aufrechten,
7,5–15 cm langen Ähren mit den männlichen
Blüten am oberen, den weiblichen am
unteren Ende. Die Früchte (links innen)
mit 1 cm langen Flügeln, Farbe Rot und
Gelb, Braun im Herbst. Blätter (S. 45)
meist 3lappig, seltener 5lappig, flaumig
auf der Unterseite. Die Blattbasis ist
gewöhnlich weniger herzförmig als
abgebildet. Die Herbstfärbung ist gelb,
gelbrot und rot, die Rinde glatt und
rötlich-braun.

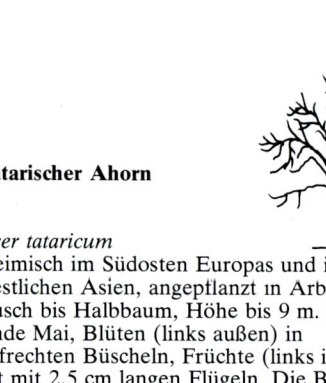

Tatarischer Ahorn

Acer tataricum
Heimisch im Südosten Europas und im
westlichen Asien, angepflanzt in Arboreten.
Busch bis Halbbaum, Höhe bis 9 m. Blüht
Ende Mai, Blüten (links außen) in
aufrechten Büscheln, Früchte (links innen)
rot mit 2,5 cm langen Flügeln. Die Blätter
(S. 39) 3- oder 5lappig, flach eingeschnitten,
im Alter oft ungelappt, Flaum an den
Nerven der Unterseite. Herbstfärbung
gelb, Blätter fallen früh ab.

Kaukasischer Samtahorn

Acer velutinum var. *vanvolxemii*
Heimisch im Kaukasus, angepflanzt in
Arboreten. Höhe bis 22 m. Blüht im Mai,
Blüten (links außen) in aufrechten,
7,5–10 cm langen Trauben. Die Früchte
(links) mit flaumiger Behaarung. Die Blätter
(S. 45) sind ähnlich denen des Bergahorns
(A. pseudoplatanus), jedoch mit größerer
Blattspreite (20 cm) und längeren Stielen
(27 cm). Die Nerven sind unterseits braun
behaart. Die Rinde ist glatt und grau, mit
ringförmigen Astspuren.

Zoeschen-Ahorn

Acer x *zoeschense*
Eine Gartenkreuzung aus Feldahorn
(A. campestre) und Lobels Ahorn *(A. lobelii)*
oder Kappadozischem Ahorn
(A. cappadocicum). Höhe bis 15 m. Blüht
im Mai, Blüten (links außen) in aufrechten,
etwa 5 cm breiten Büscheln. Die Früchte
(links) mit oft rötlich-grünen, 2 cm langen
Flügeln, die weit auseinanderklaffen, ähnlich
wie beim Feldahorn. Die Blätter (S. 45)
sind leuchtend grün, unterseits glänzende
Haarbüschel an den Nervenachsen, Stiele
rot.

Aesculus, **Roßkastanie;** Familie
Hippocastanaceae. Sommergrüne Bäume
mit handförmig gefingerten Blättern. Die
Blüten stehen in aufrechten Rispen oder
,,Kerzen''.

**Kalifornische
Roßkastanie**

Aesculus californica
Heimisch in Kalifornien, gelegentlich als
Zierstrauch bis Halbbaum in Arboreten
angebaut. Höhe 6–8 m. Blüht Juni bis
August, Blüte (rechts) hellrosa oder weiß,
duftend in 15–20 cm großen, traubigen
Büscheln. Die 1 cm aus den Kelchen
herausragenden Staubfäden geben dem
Blütenstand ein grob-haariges Aussehen.
Die überhängenden Früchte, 5–7,5 cm
groß (rechts außen) reifen im Oktober
und spalten sich, um glänzende, braune
Nüsse freizugeben. Die Blätter (S. 51) sind
gewöhnlich 5fingerig, manchmal 7fingerig,
mit 1–2,5 cm langen Stielen. Sie sind kleiner
als die anderer Roßkastanien und fallen
im Herbst früh ab, ohne sich zu verfärben.

Rote Roßkastanie

Aesculus x *carnea*
Eine Kreuzung der Gemeinen Roßkastanie
(*A. hippocastanum*) und der Roten
Stielroßkastanie (*A. pavia*). Weitverbreitet
als schattenspendender Baum an Alleen,
in Parks und Gärten. Baumhöhe je nach
Standort 10–25 m. Blüte im Mai, die kräftig
roten Blüten (rechts) in 12–20 cm langen,
aufrechten Rispen, Früchte (rechts außen)
2- bis 3samig, kleiner als bei der Gemeinen
Roßkastanie, Stacheln auf der Schale wenig
zahlreich oder fehlend. Früchte spalten
und entlassen die Samennüsse im Oktober,
5- oder 7fingerige Fiederblätter (S. 51),
die dunkelgrünen und kräuseligen
Fiederblättchen oft fast aufsitzend.
Aesculus x *carnea* 'Briottii' ist eine Züchtung
aus der Roten Roßkastanie (*A.* x *carnea*)
mit leuchtend roten Blüten an 15 cm langen
Blütenständen (rechts Mitte). Die Blätter
sind dunkler glänzend grün.

Gelbe Roßkastanie

Aesculus flava, Synonym *A. octandra*
Heimisch im Südosten Nordamerikas an
Flußufern und Berghängen, gelegentlich
in Arboreten, Parks und Gärten angebaut.
Höhe 15–27 m. Nutzholz für Herstellung
von Papier und Prothesen. Blüht im Mai
bis Juni, Blüten (rechts außen) gewöhnlich
gelb, manchmal rötlich-rosa, in schmalen,
10–15 cm langen Rispen. Früchte kugelig
und glatt, 5–6 cm Durchmesser, mit
gewöhnlich 2 braunen Nüssen. Die Blätter
(S. 51) sind 5- oder 7fingerig und verfärben
sich gelb im Herbst (S. 188).

Haarroßkastanie

Aesculus glabra
Heimisch im Mississippital des südöstlichen
und mittleren Nordamerikas, angepflanzt
in Arboreten, Parks und Gärten. Knorriger
Halbbaum, auf zusagenden Standorten
bis 21 m hoch werdend, meist aber nur
halb so hoch. Blüht im April und Mai,
Blüten stumpf gelbgrün und widerlich
riechend, in 10–18 cm langen, aufrechten,
behaarten Rispen (nicht abgebildet), ähnlich
A. glabra var. *sargentii* (rechts). Die
stacheligen Früchte sind 2,5–5 cm im
Durchmesser, ein- bis zweisamig, giftig
für Wiederkäuer. 5fingerige, sehr kurz
gestielte Teilblätter (S. 51). Die Rinde
ist dunkelgrau und schuppig (rechts außen).
Sie ist die einzige amerikanische
Roßkastanie mit stacheliger Frucht.
A. glabra var. *sargentii* kommt in Missouri,
Kansas, Ohio und Mississippi vor. Sie
unterscheidet sich durch mehr als 5 Teilblättchen, die schmaler und spitzer zulaufen
und einen stärker gezähnten Rand haben
(rechts).

Gemeine Roßkastanie

Aesculus hippocastanum
Heimisch auf dem Balkan, durch Anbau
weitverbreitet als beliebter Park-, Garten-
und Alleebaum, in Forsten auch als
Wildfutter. Baumhöhe bis 30 m. Blüht
im Mai bis Juni, Blüten weiß, mehr oder
weniger deutlich rot und gelb gefleckt,
in aufrechtstehenden, 30 cm langen, breiten
Rispen (rechts). Die hart-stacheligen Früchte
(rechts außen) sind kugelig, etwa 5–7 cm
im Durchmesser, meist einsamig, im Oktober
aufbrechend, Samen glänzende, rotbraune
Nüsse. Blätter aus stark harzigen Knospen,
5- bis 7fingerig mit aufsitzenden Blättchen
(S. 52). Die Rinde (S. 216) ist dunkelrötlich
oder grau-braun und grobplattig.
A. hippocastanum 'Baumannii' ist eine
Züchtung mit doppelten, länger blühenden
Blüten, die keine Nüsse erzeugen. Beliebte
Roßkastanie für Gärten.

Indische Roßkastanie

Aesculus indica
Heimisch im nordwestlichen Himalaja
in 1000–3000 m Höhe, beliebter Zierbaum
in Parks und Gärten. Höhe bis 30 m. Blüht
spät im Juni bis Juli, rötlich-weiße, gelb
gefleckte Blüten (rechts) in 10–40 cm
langen, aufrechten, walzenförmigen Rispen.
Die Staubfäden ragen aus den Blüten
heraus, Farbe Rosa oder Rötlich-Gelb
wie das obere Blütenblattpaar. Die eiförmige
Frucht (rechts außen) mit dünner, glatter
Schale und 2 oder 3 braunen Samen. Die
Blätter (S. 52) meist 7-, auch 5- oder
9fingerig, gestielt. Die Rinde ist im Alter
glatt rötlich-grau, in der Jugend
grünlich-grau. *A. indica* 'Sydney Pearce'
hat dunkelgrüne Blätter, 2,5 cm große
Blüten, 30 cm lange Blütenstände. Blüte
zartrosa oder weiß mit gelben und roten
Flecken.

Rote Stielroßkastanie

Aesculus pavia
Heimisch, aber sehr selten, im Südosten
der Vereinigten Staaten, gelegentlich in
Gärten und Arboreten, Elter der Hybriden
Rote Roßkastanie *(A. x carnea)*. Busch
oder Halbbaum, bis 6 m hoch. Blüht im
Juni, rote Blüten in 15 cm langen Rispen
(rechts innen). Früchte eiförmig glatt, 1-
bis 2samig, reifen und spalten im August.
Die Blätter (S. 52) sind 5- bis 7fingerig,
kurzstielig, Herbstfärbung rot (rechts außen).

Japanische Roßkastanie

Aesculus turbinata
Heimisch in sommergrünen Mischwäldern
im nördlichen Japan. Großer Baum bis
über 30 m hoch. Im Aussehen der Gemeinen
Roßkastanie (*A. hippocastanum*) ähnlich,
jedoch langsamer wachsend. Ihre größeren
Blätter und der späte Blühtermin macht
sie zu einer guten Ergänzung zur
Roßkastanie in Parks. Blüht Ende Mai
oder Juni, 2–3 Wochen nach der Gemeinen
Roßkastanie. Blüten (rechts) gelblich-weiß,
rotbetupft, in aufrechten Trauben, Früchte
(rechts außen) rauh, aber ohne Stacheln,
ei- bis birnenförmig. Die Blätter (S. 52)
sind 7fingerig, Blättchen aufsitzend,
unterseits Aderachseln orangefarben
behaart. Herbstfärbung erst orange, dann
braun, Laub früh abfallend. Die Rinde
ist glatt mit einigen großen Rissen, am
jungen Baum mit weißen Riefen.

Götterbaum

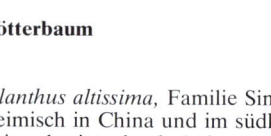

Ailanthus altissima, Familie Simaroubaceae.
Heimisch in China und im südlichen Korea,
weitverbreitet durch Anbau und
Verwilderung in allen Kontinenten mit
warmgemäßigtem Klima. Buschiger
Halbbaum, gelegentlich großer Baum bis
30 m hoch; reichliche, oft lästige Wurzelbrut.
Blüht Ende Juli, zweihäusig, d. h. männliche
(links außen) und weibliche Blüten auf
verschiedenen Bäumen. Früchte (links)
zu Dutzenden oder Hunderten in Büscheln.
Samen, in der Mitte von 3–4 cm langen,
eschenähnlichen Flügeln, reifen August
bis September. Die paarig gefiederten
Blätter (S. 58) können an jungen, kräftigen
Bäumen mehr als 1 m lang werden, zwei
unterseits bedrüste Zähnchen nahe der
Blättchenbasis.

Persische Albizia

Albizia julibrissin, Familie Leguminosae
Heimisch im westlichen Asien, angebaut
als Schattenbaum im südlichen Europa
und China, empfindlich gegen Frost,
gelegentlich auch als Gartenannuelle und
in Gewächshäusern. Höhe bis 12 m. Blüht
im Juli bis August, Blüten (rechts) mit
leuchtend purpurroten bis an der Basis
gelblich-weißen Staubfäden. Die Samenhülse
ist 7,5–15 cm lang und zwischen den Samen
eingeschnürt.

Alnus, **Erle;** Familie Betulaceae. Sommergrüne Bäume und Büsche. Männliche und weibliche Organe in getrennten Blüten auf demselben Baum. Die männlichen Kätzchen hängen, die weiblichen sind winzig und stehen aufrecht an den Triebspitzen. Sie bilden erst grüne, dann braunholzige „Zapfen".

Italienische Erle

Alnus cordata
Heimisch in den Bergen Kalabriens und Korsikas, angepflanzt in Parks und Gärten. Höhe bis 15 m. Die männlichen Kätzchen werden 7,5–10 cm lang und streuen ihren Pollen zwischen Februar und April (links außen), wenn die winzigen, roten, weiblichen Blüten sich öffnen. Die Frucht (links innen, im „grünen" Zustand) ist 2,5 cm lang und größer als bei anderen Erlen. Zwei reife, offene, holzige Fruchtzapfen nach dem Samenfall sind links außen abgebildet. Glänzend dunkelgrüne Blätter mit 5–6 Seitennerven, kurzgezähnt, Haarbüschel, unterseitige Nervenachseln behaart (S. 39). Die Rinde ist glatt, grau, mit Lentizellen und einigen kurzen, vertikalen Rissen.

Schwarzerle
Roterle

Alnus glutinosa
Heimisch in Europa, außer in der nördlichen borealen Zone und in Trockengebieten, Westasien und Nordafrika in Auen und an Flußufern. Höhe 20 m bis 33 m, Durchmesser bis 50 cm. Die männlichen Kätzchen (links außen) streuen ihre Pollen Anfang März, wenn sie 5–10 cm lang sind. Die weiblichen Kätzchenblüten (links außen), am Zweig unterhalb der männlichen Kätzchen, sind 0,5 cm lang. Früchte (links) 1–2 cm, werden zum Winter holzig (links außen, kleiner Zweig). Blätter (S. 39) rundlich mit eingekerbter Spitze und 7 Seitennerven, Nervenachseln unterseits behaart. Die Rinde (S. 216) grünlich-braun bis dunkelbraun mit rötlichen Lenticellen, im Alter schwarzbraune, rissige Tafelborke. *A. glutinosa* 'Imperialis' mit eingeschnittenen, gelappten Blättern.

Grauerle
Europäische Weißerle

Alnus incana
Verbreitung ähnlich wie bei der Schwarzerle, aber nicht so weit nördlich. Raschwachsender, kurzlebiger Baum, Höhen bis 20–25 m, Durchmesser bis 40 cm, an der Nordgrenze strauchartig. Die männlichen, 5–10 cm langen Kätzchen öffnen sich Ende Februar bis März (links außen, Winterzustand). Weibliche Kätzchen entwickeln sich zu 1 cm langen Früchten (links), die verholzen (links außen, unten). Die Blätter (S. 34) sind charakteristisch grau-grün, spitz, mit 9–12 behaarten Seitennerven. Rinde silbergrau bis dunkelgrau mit Lenticellen, im Alter mit langen Rissen, kaum Borke bildend. Bildet reichlich Wurzelbrut.

**Oregon-Erle
Amerikanische Roterle**

Alnus rubra
Heimisch im westlichen Nordamerika von
Alaska bis Kalifornien und Idaho, im
pazifischen Küstengebiet meist recht selten,
gelegentlich angebaut in Parks, Arboreten
und Gärten. Das Holz kann wie das der
europäischen Roterle verwendet werden.
Baumhöhe bis 12–20 m. Die männlichen
Kätzchen sind im April zum Pollenflug
10–15 cm lang (links außen), die weiblichen
Kätzchen bilden 1–2 cm lange Zäpfchen
auf orange-gelben Stielen in Trauben (links).
Die Blätter (S. 34) haben 10–15 unterseitig
orange behaarte Seitennerven. Die Rinde
ist silbergrau bis dunkelgrau.

Felsenbirne

Amelanchier laevis; Familie Rosaceae
Heimisch im östlichen Nordamerika,
beliebter Zierstrauch in Gärten. Busch
bis vielzweiseliger, knorriger Halbbaum,
bis 12 m hoch. Blüht April bis Mai, Blüte
(rechts) zart weiß und duftend. Frucht
(rechts außen) reift Juli bis August, erst
rot, dann dunkel violett-purpur,
Durchmesser 0,5 cm. Die fein gezahnten
Blätter (S. 37) bei Entfaltung im April
kupfrig-rötlich-grün, im Sommer
gelblich-dunkelgrün, Herbstfärbung
leuchtend bis scharlachrot.

Baum-Aralie

Aralia spinosa; Familie Araliaceae
Heimisch im südöstlichen Nordamerika,
gelegentlich in Arboreten, selten in Gärten.
Busch bis Halbbaum, Baumhöhe bis 9 m.
Blüht im August, Blüten sind klein, weiß
und in kugeligen Büscheln angeordnet,
die eine riesige, bis 1,2 m lange Traube
bilden. Die Früchte sind klein, rund, schwarz
und fleischig, reifen im Oktober. Das
doppelt gefiederte Blatt (S. 59) ist bis 1,2 m
lang und 0,7 m breit. Zweige und Stamm
mit kräftigen Stacheln (links). Die Beeren
und die Wurzelrinde enthalten ein Stimulans,
das medizinisch genutzt wird.

Araukarie

Araucaria araucana; Familie Araucariaceae
Heimisch im andinen Bergland in Chile
und Argentinien, angebaut als Zierbaum
und in Arboreten in milden Klimaten
Europas und Nordamerikas. Immergrüner
Nadelbaum, Höhe bis 30 m. Die männlichen
(rechts unten) und weiblichen Blüten (rechts
oben) wipfelständig und getrennt auf
verschiedenen Bäumen. Die männlichen
werden etwa 10 cm lang, Pollenflug im
Juli. Die einzeln stehenden, aufrechten
und grünen, weiblichen Zapfen werden
10–17 cm lang und im zweiten Herbst
braun. Samen eßbar, etwa 3–5 cm lang.
Nadeln dunkelgrün, schuppig-blattförmig
und stachelig-spitz (rechts und S. 13). Die
Rinde ist grau und runzelig, mit
ringförmigen Zweigabsprungnarben.

Arbutus, **Erdbeerbaum;** Familie Ericaceae
Immergrüne Bäume mit dunkelgrünen,
glänzenden Blättern und Büscheln von
glockenförmigen Blüten.

Europäischer Erdbeerbaum

Arbutus andrachne
Heimisch im östlichen Mittelmeerraum.
Knorriger Baum bis 12 m Höhe. Blüht
März bis April, Blüte (links außen)
gelblich-weiß, 0,5 cm lang, in 5–10 cm
breiten Büscheln. Früchte glatt, rund (1 cm
Durchmesser), orange-rot. Immergrüne
Blätter (S. 27) glattrandig, nur in der Jugend
an kräftigen Trieben gezahnt. Rinde (links
innen) rot-braun, dünn abschälend.

Erdbeerbaum-Hybride

Arbutus x *andrachnoides*
Eine in Züchtung entstandene spontane
Hybride zwischen *A. andrachne* und
A. unedo, in Griechenland verwildert. Höhe
6–9 m. Die cremig-weißen Blüten (links
außen) werden im Spätherbst oder im März
gebildet und stehen in Büscheln. Die Blätter
(S. 26) sind gezahnt und haben dunkelrote
Stiele. Die Rinde (links innen) auffallend
leuchtend rotbraun, dünnschuppig
abschilfernd.

Madrona

Arbutus menziesii
Heimisch im westlichen Nordamerika, angebaut in Arboreten und Gärten in milden Klimaten in West- und Südeuropa. Höhe bis 30 m im natürlichen Nadelbaum-Eichenmischwald, im Anbau meist nur 6–9 m. Blüht im Mai, Blüten (links außen) cremig-weiß bis gelblich, 0,5 cm Durchmesser, in aufrechten, 7–23 cm langen Büscheln. Früchte orange-rot, 1 cm Durchmesser, meist 12–15 in einem Büschel. Die Blätter von jungen, kräftigen Pflanzen sind gezahnt, die von älteren Pflanzen (S. 27) ungezahnt. Tanninreiche Rinde (links) auffallend leuchtend rotbraun, kleinschuppig, schält leicht vom orange-roten Holz.

Erdbeerbaum

Arbutus unedo
Heimisch im Südwesten Irlands und in Süd- und Südwesteuropa. Strauch bis knorriger Halbbaum, Höhe 4,5–9 m. Die Blüten (links außen) werden im Herbst gebildet, 0,5 cm lang, cremig, gelegentlich mit rötlichem Hauch, in hängenden Büscheln, 5 cm lang. Früchte (links innen) bilden sich aus den vorjährigen Blüten im Herbst, erdbeerartig, Durchmesser 2 cm, reifen und fallen im Oktober ab. Blätter gezahnt (S. 26). Rinde mit schmutzig-braunen Schuppen, weniger auffallend als bei den anderen Arten.

Papaw

Asimina triloba; Familie Annonaceae
Heimisch im östlichen Nordamerika. Sommergrüner Busch bis kleiner Baum, bis 12 m hoch. Blüht vor Blattausbruch, Blüten (rechts) 2,5–3,7 cm breit. Früchte zylindrisch, 7,5–15 cm lang, unregelmäßig geformt, bei Reife im September und Oktober Schale dunkelbraun, Fruchtfleisch eßbar, süß, orangefarben, nur im subtropischen Klima voll ausgebildet. Die Blätter sind auf Seite 28 abgebildet.

Athrotaxis, **Schuppenfichte;** Familie Taxodiaceae. Primitive, immergrüne Nadelbäume mit schuppenartigen Nadeln. Die männlichen und weiblichen Organe in verschiedenen Blüten auf demselben Baum. Die Früchte bilden kleine Zapfen.

Zypressen-Schuppenfichte

Athrotaxis cupressoides
Heimisch und sehr selten in Westtasmanien in Höhen von 900–1200 m, angebaut in Arboreten und Gärten in ozeanischen, milden Klimaten. Höhe 6–15 m. Die männlichen und weiblichen Blüten bilden sich im Frühjahr (links außen), weibliche Zapfen 1 cm Durchmesser (links innen), erst grün, dann im Herbst rotgelb-braun. Die glatten, schuppenartigen Nadeln (S. 11) sind rhomboid, am Trieb dicht anliegend, etwa 0,3 cm im Durchmesser. Vergleiche Zypressen (*Cupressus*).

Gipfelschuppenfichte

Athrotaxis laxifolia
Heimisch in Westtasmanien, weniger selten und leichter anzubauen als die anderen tasmanischen Schuppenfichten. Baumhöhe 12–21 m, blüht im Frühjahr, die winzigen männlichen Blüten sind in Büscheln an den Zweigspitzen (links außen, oben), die weiblichen in Büscheln oder auch einzeln (links außen, unten). Weibliche Zapfen (links) leuchtend gelb-grün, stachelig, im Herbst orange-braun reifend bei 2 cm Durchmesser. Die sehr spitzen, 0,4–0,6 cm langen Nadeln (S. 11) sind leicht vom Stamm abgespreizt und stehen in der Form zwischen den beiden anderen Arten. Rinde dunkel-orange-braun, bricht kleinschuppig.

Selaginella-Schuppenfichte

Athrotaxis selaginoides
Heimisch in Westtasmanien, selten. Die größte der „Tasmanischen Schuppenfichten", geschätzt wegen ihres besten dunklen Holzes. Höhe bis 27 m. Blüht im Frühjahr. Die kleinen, grünen, weiblichen Blüten (links außen, unten) entwickeln sich zu 2,5 cm breiten, orange-braunen Zapfen. Nadeln (S. 11) scharf-spitzig, 1,2 cm lang, vom Trieb abstehend, leuchtend grün mit zwei weißen Streifen auf der inneren Oberfläche. Die Rinde ist dunkel-orange-rot, reißt und schält ab, oft weich und faserig wie beim Mammutbaum (*Sequoiadendron giganteum*).

Chilenische Flußzeder

Austrocedrus chilensis, Synonym *Libocedrus chilensis;* Familie Cupressaceae
Heimisch in Berglagen in Chile und Argentinien, verbreitet in botanischen Gärten angebaut. Immergrüner Nadelbaum, Höhe bis 24 m. Männliche und weibliche Blüten entwickeln sich auf demselben Baum, die männlichen (rechts innen), 0,3 cm, entlassen ihre Pollen im Frühjahr, die weiblichen entwickeln sich zu grünen, später braunen Zapfen, 0,8 cm lang (rechts außen), die aus vier Schuppen bestehen.
Nadeln (S. 11) flach-schuppig, mit hellen Streifen auf der Unterseite. Die Rinde ist dunkelbraun, reißt in aufrollende Platten.

Betula, **Birke;** Familie Betulaceae. Sommergrüne Bäume und Büsche, männliche und weibliche Kätzchen auf demselben Baum. Die männlichen Kätzchen werden im Spätherbst gebildet und reifen im nächsten Frühjahr. Die weiblichen Kätzchen sind kleiner und schlanker und wachsen in Büscheln oberhalb der männlichen Blüten.

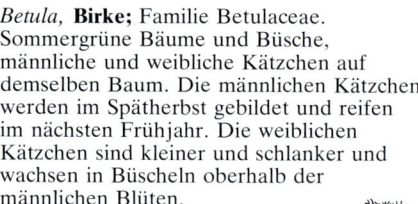

Blaubirke

Betula coerulea-grandis
Heimisch im nordöstlichen Nordamerika von Nova Scotia bis nach Vermont, in natürlichen Vorkommen oft buschig, in Anbauten auf günstigen Standorten 10–20 m hoch werdend. Blüht im Mai, männliche Kätzchen 3–5 cm lang, weibliche etwa 0,8 cm (links außen). Fruchtstand (links) 2,5 cm lang, zerfällt im September, Samen geflügelte Nüsse. Die Blätter (S. 38) sind bläulich-grün. Die Rinde (S. 216) ist rötlich-weiß, schält sich nicht.

Schwarzbirke

Betula lenta
Heimisch im östlichen Nordamerika von Maine bis Georgia, angebaut in Parks, Arboreten und Forsten. Holz geeignet für Fußböden, Möbel und zum Bootsbau, Rinde und Holz duften süßlich und enthalten ein aromatisches Öl. Baumhöhe 20–25 m, Durchmesser bis 60 cm. Blüht im Mai, männliche Blüten 5–7,5 cm lang, die weiblichen etwa 0,8 cm (links außen). Die aufrechten, ungestielten Fruchtkätzchen sind etwa 2,5 cm lang und 1,2 cm im Durchmesser (links) und zerfallen im September und Oktober. Die Rinde ist sehr dunkel und schuppig, schält nicht. Die Blätter (S. 38) haben unterseitig Haarbüschel in den Nervenachseln.

Gelbbirke

Betula lutea
Heimisch und häufig im Nordosten
Nordamerikas, wichtiges Nutzholz für
Fußböden, Möbel, Kleinteile, Kisten. Die
Zweige und Rinde enthalten aromatisches
Öl, der aufsteigende Saft im Frühjahr
Zucker. Baumhöhe bis 30 m. Blüht im
Mai, männliche Kätzchen 7,5–10 cm lang
(links außen), die weiblichen 1,2–2 cm
lang, bei Reife ungestielte, aufrechte
Zäpfchen, 2,5–3,7 cm lang (links), dicker
und stärker behaart als bei *B. lenta*. Die
Blätter (S. 38) sind in den Nervenachseln
auf der Unterseite behaart. Die
Herbstfärbung ist hellgelb. Die Rinde ist
hell goldbraun, die äußeren Schichten rollen
sich auf.

Rotbirke

Betula nigra, Synonym *B. rubra*
Heimisch im östlichen Nordamerika von
Massachusetts bis Georgia auf feuchten
Böden an Flüssen, angebaut als Zierbaum
und in Arboreten. Baumhöhe 24–27 m,
meist stark zwieselig. Blüht Ende April,
männliche Kätzchen 5–7,5 cm lang, die
weiblichen 0,8 cm (links außen). Die
Fruchtzäpfchen sind behaart, 2,5–3,7 cm
lang, aufrecht an kurzen Stielen, zerfallen
im Juni, so daß die Samen am Flußufer
keimen, wenn der Wasserstand am
niedrigsten ist. Die Blätter (S. 38) sind
doppelt und grob gezahnt, einige Zähne
lappenartig, Nerven unterseitig behaart.
Die Rinde (links innen) ist auffallend dunkel
und schuppig.

Wasserbirke

Betula occidentalis
Heimisch im westlichen Nordamerika an
Flußufern und in Auen. Strauch oder
Halbbaum, bis 6–7,6 m hoch. Blüht im
April, männliche Kätzchen 5 cm lang, die
weiblichen etwa 0,8 cm (links außen, unten
und oben), aufrechte, stiellose
Fruchtzäpfchen, 2,5–3,7 cm lang, nur wenig
behaart, zerfallen bei Samenreife im
September. Die Blätter (S. 38) dunkelgrün,
3–5 Seitennerven, unterseits unbehaart,
Blattbasis gerundet oder leicht herzförmig.
Junge Blätter und Zweige klebrig. Die
Rinde (links innen) glänzend dunkelbraun
bis beinahe schwarz, schält nicht, auffällige
waagerechte Lenticellen.

Papierbirke
Amerikanische Weißbirke

Betula papyrifera
Heimisch im nördlichen Teil Nordamerikas
vom Pazifik bis Atlantik, auf einer Vielzahl
von Standorten. Die wasserdichte Rinde
wurde von Indianern zum Kanubau benutzt.
Das Holz für Schlitten, Schneeschuhe,
Kleinteile und als Brennholz. Heute oft
als Zierbaum angebaut. Baumhöhe bis
40 m, Durchmesser bis 90 cm, an der
nördlichen Verbreitungsgrenze strauchartig.
Blüht März bis April, männliche Kätzchen
10 cm lang, die weiblichen 2,5–3 cm (links
außen). Fruchtkätzchen etwa 3,7 cm lang,
an schlanken Stielen hängend. Rinde
glänzend creme-weiß, papierartig schälend,
frische Rinde blaßgelbrötlich, bei alten
Bäumen dunkle, rissige und schuppige
Borke. Die Blätter (S. 38) behaart,
unterseitig drüsig. Herbstfärbung gelb.

Weißbirke, Hängebirke
Sandbirke, Warzenbirke

Betula pendula, Syn. *B. verrucosa,*
B. alba (z. T.)
Heimisch in Europa und Kleinasien,
angebaut in Gärten, Parks, Arboreten
und an Straßen, im Wald als Schutzschirm
(Vorwald) über empfindlichen Baumarten.
Beliebter Zierbaum wegen seiner anmutigen
Form mit hängenden Zweigen, junge Zweige
klebrig. Holz verwendet als Schäl- und
Brennholz. Baumhöhe bis 25 m. Blüht
März bis April, männliche Kätzchen 3 cm
lang, weibliche 1,2–2 cm (links außen),
reife Fruchtkätzchen 2,5–3 cm lang (links),
hängend, zerfallen im Spätherbst und
Winter. Blätter (S. 38) unbehaart, Basis
keilförmig. Rinde glänzend weiß mit dünnen
Querlinien und größeren dunklen
rhomboiden Rissen, an alten Bäumen dicke,
rissige, harte Borke am Stammfuß. Junge
Zweige unbehaart.

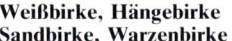

Graubirke

Betula populifolia
Heimisch im östlichen Nordamerika,
Pionierbaum bei der Wiederbesiedlung
von Öd- und Brachland. Baumhöhe 6–12 m.
Blüht im April, männliche Kätzchen 6–10 m
lang, weibliche etwa 1,2 cm an kurzen
Stielen (links außen). Die hängenden
Fruchtkätzchen (links) sind behaart und
etwa 2 cm lang. Die langspitzigen Blätter
(S. 38) im Luftzug beweglich wie
Aspenblätter, Herbstfärbung hellgelb. Die
Rinde ist cremefarben, ähnlich wie bei
der Papierbirke, schält sich aber nicht so
leicht, mit dunkleren Flecken und Rissen.

**Moorbirke
Haarbirke
Besenbirke**

Betula pubescens
Heimisch in Europa, einschließlich England und Nordasien. Äste mehr waagerecht, Zweige nicht hängend wie bei der Weißbirke (*B. pendula*). Rinde mattweiß, junge Triebe behaart, nicht klebrig. Das Holz wird als Papierholz verwendet; aus der Rinde werden in Skandinavien Dächer gemacht, und ein aromatisches Öl aus Stamm und Rinde wird zur Verarbeitung von Leder benutzt. Höhe bis 21 m. Die Kätzchen (links außen) sind offen im April, die männlichen 3 cm lang (unten), die weiblichen 1,2–2 cm (oben). Letztere entwickeln sich in 2,5–3 cm lange Fruchtkätzchen. Die Blätter (S. 38) sind an den Nerven der Unterseite behaart und haben oft in der Jugend eine rauhe Oberfläche. Die Rinde ist weiß, blättert papierartig ab und hat Querlinien und dunkle Zweignarben (S. 217).

Himalaja-Birke

Betula utilis
Heimisch im Himalaja und China, angepflanzt in botanischen Gärten und anderen Gärten. Höhe bis 18 m, kann aber doppelt so hoch werden. Die Kätzchen (links außen) sind offen im April, die männlichen (unten) etwa 5 cm lang, die weiblichen (oben) 1,2 cm an gleich langen Stielen. Die Fruchtkätzchen werden 3,7 cm lang. Die Blätter (S. 38) haben flaumig behaarte Stiele und meistens 9–12 behaarte Nervenpaare. Die Rinde kann weiß-grau gefleckt sein oder orange-braun und blättert ab (links).

Maulbeerbaum

Broussonetia papyrifera, Familie Moraceae. Heimisch in China und Japan, häufig angepflanzt. Der Maulbeerbaum wird als Zierbaum in Ostasien, Europa und im östlichen Nordamerika angepflanzt, verwildert unter günstigen Bedingungen. Höhe bis 15 m, oft ein rundlicher Busch. Blüht im Juni, Blüten (rechts innen) zweihäusig (männliche und weibliche auf verschiedenen Bäumen). Die männlichen Kätzchen (oben) sind 3,7–7,5 cm lang, pelzartig und oft wellig aufgerollt. Die weiblichen (unten) sind rund und etwa 1,2 cm im Durchmesser. Die Früchte (rechts außen) sind rund, etwa 1,2 cm im Durchmesser und fallen im Oktober ab. Die Blätter (S. 39) sind rauh und wollig. Vergleiche mit den Maulbeeren (*Morus*).

Buxus, **Buchsbaum.** Familie Buxaceae. Immergrüne Bäume oder Büsche mit gegenständigen, ledrigen Blättern. Die getrenntgeschlechtlichen Blüten einhäusig in kleinen Büscheln.

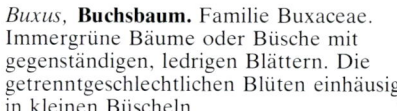

Balearenbuchsbaum

Buxus balearica
Heimisch auf den Balearen und in Südwestspanien, angepflanzt in Gärten in warm-gemäßigten Klimaten. Höhe bis 10 m, meist aber kleinbuschig. Blüht im Mai, Blüten (links außen) etwa 1,2 cm lang, in blattachselständigen Knäueln mit den weiblichen Blüten in der Mitte. Die 1,2 cm langen Früchte (links) bestehen aus drei zweihörnigen Kapseln, erst grün, später braun und holzig. Im August/September abfallend und aufspaltend. Die hartledrigen Blätter (S. 32) sind größer, heller grün und gleichmäßiger als beim Buchsbaum *(B. sempervirens)*.

Buchsbaum

Buxus sempervirens
Heimisch im Mittelmeergebiet, nördlich der Alpen nur sehr selten wild. Sehr häufig in verschiedenen Zuchtformen und Varietäten in Gärten angebaut. Eignet sich gut zum Formschnitt, das harte Holz für Schnitzereien und Intarsien, Extrakt zur Blutreinigung. Immergrüner Strauch bis kleiner, dichter Baum, Höhe selten über 6 m. Blüht im März bis Mai, Blüten (links außen) gelblich-weiß, duftend, in blattachselständigen Knäueln, die weiblichen in der Mitte. Die Fruchtkapseln (links) etwa 0,8 cm lang und dreigehörnt, spalten im September auf und fallen ab. Die Blätter (S. 32) an der Spitze eingebuchtet, dunkler grün und gewölbter als bei *B. balearica*. Zahlreiche Kultursorten, hoch- und zwergwüchsige, buntblättrige usw., für Einfassungen var. *suffruticosa*.

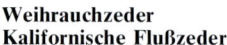

Weihrauchzeder
Kalifornische Flußzeder

Calocedrus decurrens, Synonym *Libocedrus decurrens*, Familie Cupressaceae
Heimisch in Kalifornien und im südlichen Oregon, Zierbaum in Parks und Gärten, Baumhöhe bis 30 m, Stammanlauf und Krone breit im natürlichen Vorkommen, höher und schmalkroniger auf günstigeren Standorten. Blüht im Januar, männliche Blüten 0,6 cm, goldgelb, oft obere Krone ganz überziehend, weibliche Blüten unauffällig (rechts), Zapfen einzeln an Triebenden hängend, gelbgrün bis bei Reife leuchtend goldgelb bis rotbraun (rechts außen), etwa 2–2,5 cm lang, öffnen sich im September/Oktober. Blätter (S. 10) klein, schuppenähnlich, anliegend. Borke rotbraun, rissig und grobplattig.

Carpinus, **Hainbuche;** Familie Carpiniaceae. Sommergrüne Bäume, einhäusig, männliche und weibliche Blüten getrennt in verschiedenen Kätzchen. Männliche Kätzchen über Winter in Knospe, erscheinen im Frühjahr. Die Früchte sind kleine Nüsse mit großen, auffallenden Deckblättern.

Weißbuche
Hainbuche
Hornbaum

Carpinus betulus
Heimisch in Kleinasien und im mittleren und südlichen Europa, meist im Unter- und Zwischenstand im Mischwald. Angebaut in Gärten, Parks und Forsten, oft auch als Hecken- oder Straßenbaum. Hartes, feinfaseriges Nutzholz. Knorriger Baum, Höhe 7 bis 25 m. Blüht im März bis April, Blüten (links außen) in Kätzchen, männliche Kätzchen 3–5 cm lang, die weiblichen kleiner an den Spitzen der jungen Triebe. Die Fruchtkätzchen (links) bis 8 cm lang, Nuß und dreilappige Hülle grün bis im November braun. Die doppelt gesägten Blätter (S. 33) färben sich im Herbst leuchtend gelb. Die Rinde (S. 217) ist grau mit braunen Streifen, spannrückig.

Amerikanische
Hainbuche

Carpinus caroliniana
Heimisch im westlichen Nordamerika und in Mittelamerika. Nutzholz für Kleinteile, Baumhöhe bis 12 m. Blüht im April, Blüten (links außen) in Kätzchen 2,5–3,7 cm lang, die weiblichen 1,2–2 cm an Jungtrieben. Die Fruchtkätzchen (links) bis 13 cm lang. Frucht (links) eine 0,8 cm lange Nuß, eingehüllt von grünen, im Herbst papierbraunen Deckblättern, Fruchtfall im Herbst. Die Blätter (S. 33) sind spitzer als die der Weißbuche *(C. betulus),* im Herbst orange und rot. Die Rinde ist glatt, grau und spannrückig.

Japanische Hainbuche

Carpinus japonica
Heimisch in Japan, angebaut als Zierbaum und in Arboreten. Höhe 12–15 m. Blüht im April, Blüten (links außen) in Kätzchen, männliche 2,5–5 cm lang, die weiblichen 1,2 cm lang an Jungtrieben. Die Fruchtkätzchen (links) 5–6 cm lang, mit gezahnten, nach innen gebogenen Deckblättern, erst grün, dann schwach rosa, im Herbst karminrot. Die Blätter (S. 33) haben zahlreiche, kräftige Nerven und sind länger und dunkler als die der Weißbuche *(C. betulus).* Die Rinde ist glatt, rötlich-grau oder dunkelgrau in helleren Streifen.

Carya, **Hickorynuß;** Familie Juglandaceae. Große, sommergrüne Bäume, einhäusig, männliche Blüten in dreigeteilten Kätzchen, die weiblichen zu wenigen in Büscheln. Frucht eine Nuß in einer bei Reife harten Schale. Die Blätter sind paarweise gefiedert, die unteren Blätter sind kürzer als die oberen.

Bitternuß

Carya cordiformis
Heimisch und weitverbreitet im östlichen Nordamerika, angebaut in Arboreten, Parks, Gärten und Forsten. Unterschieden durch gelbe Winterknospen. Höhe bis 30 m. Die männlichen Kätzchen (rechts innen) werden 6–7,5 cm lang, Pollenflug Ende Mai oder Anfang Juni. Die weiblichen Blüten unauffällig an den Jungtrieben. Die Frucht (rechts außen) hat vier Erhebungen in der oberen Hälfte. Fiederblätter (S. 54) mit 5 bis 9 Blättchen.

Schweinsnuß-Hickory

Carya glabra
Heimisch im östlichen Nordamerika, von Ontario bis Alabama, angebaut in Arboreten, Parks und Forsten. Gutes Nutzholz, Baumhöhe 20–40 m, Stammdurchmesser 120 cm. Die männlichen Kätzchen (rechts innen) in hängenden Drillingen 7,5–12,5 cm lang. Pollenflug Ende Mai. Weibliche Blüten endständig, unscheinbar (auf dem Bild gerade eben zu erkennen). Frucht (rechts außen) verkehrt-eiförmig, 2,5–4,0 cm lang, dünnschalig, platzt im Herbst bis zur Mitte auf, Nuß mit dicker, glatter Schale. Die Blätter (S. 53) haben meist 5, zuweilen 3 oder 7 Teilblättchen, im Herbst gelb und orange.

Königsnuß

Carya laciniosa
Heimisch im östlichen Nordamerika, wo seine süßen Nüsse geerntet und verkauft werden. Angebaut in Gärten, Parks und Arboreten. Höhe bis 36 m. Die männlichen Kätzchen (rechts) werden 12,5 cm lang. Pollenflug im Juni. Unscheinbare weibliche Blüten (rechts Mitte) an den Spitzen der Jungtriebe. Die Früchte (rechts außen) kugelförmig bis oval, 4,5–6,5 cm. Schale dick, mit 4 Leisten, leicht orangefarben, später braun. Nuß dickschalig mit 4–6 Leisten. Die Blätter (S. 54) haben meist 7, auch 5 oder 9 gestielte Teilblätter, Unterseite stark behaart, an leicht behaarten Stengeln. Die Rinde ist grau, die Borke bricht in 10 cm breiten und 0,5–1,2 m langen Platten, die lange am Stamm hängen bleiben.

Weißer Hickory

Carya ovata
Heimisch im östlichen nordamerikanischen
Laubholzgebiet. Gutes Nutzholz,
Hickory-Nüsse eßbar und wirtschaftlich
wertvoll, angebaut in Gärten, Parks,
Arboreten und Forsten. Baumhöhe
20–40 m, Durchmesser mehr als 1 m, Alter
über 350 Jahre. Die männlichen
Blütenkätzchen 7,5–12,5 cm lang, Pollenflug
im Juni. Weibliche Früchte einzeln oder
in Paaren an der Spitze der Jungtriebe
(rechts). Die Frucht (rechts außen) 2,5–5 cm
lang, bei Reife dunkelbraun. Die helle
Nuß ist vierkantig. Die Blätter (S. 53) meist
aus 5, zuweilen 3 oder 7 Teilblättern
bestehend, fast sitzend, nur das vorderste
gestielt. Das abgebildete Blatt ist relativ
groß. Die Borke ist grau und
plattig-schilferig, Platten 30 cm lang.

Behaarter Hickory

Carya tomentosa
Heimisch im östlichen Nordamerika,
angebaut in Arboreten. Höhe bis 30 m.
Männliche Kätzchen (rechts innen),
Pollenflug im Juni, weibliche Blüten an
den Spitzen der Jungtriebe (nicht abgebildet,
ähnlich wie bei den anderen Hickoryarten).
Die Frucht (rechts außen) ist 3,7–5 cm
lang, platzt entlang der Einschnürungen
auf. Die Nuß hat eine besonders harte
Schale, Kern eßbar. Die Blätter (S. 54)
sind aromatisch, Winterknospen 1–2 cm,
größer als bei anderen Hickoryarten.
Jungtriebe wollig behaart. Die Borke ist
dunkelgrau, rissig und abblätternd.

Eßkastanie
Edelkastanie

Castanea sativa; Familie Fagaceae
Heimisch in Südeuropa, Nordafrika und
Kleinasien, verbreitet angebaut.
Höhe über 30 m, bei über 500 Jahre alten
Bäumen sehr starke Durchmesser von
mehreren Metern. Blüht Juni bis Juli,
männliche Drilling-Kätzchen (links außen),
etwa 10–30 cm lang, weibliche Blüten
(links außen) in Gruppen von 5–6 im
unteren Teil von Kätzchen mit ungeöffneten
männlichen Blüten. Die stachelige Frucht
(links) platzt im Herbst und enthält in
der Regel 3, bei manchen Bäumen 1–2
runde oder 3–4 flache Nüsse, die eßbaren
Maronen. Die stachelspitzig gesägten Blätter
(S. 26) sind etwas ledrig, im Herbst erst
gelb, dann dunkelbraun. Die Borke (S. 217)
ist dunkelbraun und oft spiralförmig rissig.

Catalpa, **Trompetenbaum;** Familie Bignoniaceae. Sommergrüne Bäume oder Büsche, mit großen, herzförmigen Blättern und großen, offenen Blütenständen. Die Früchte sind lange, schmale Hülsen. *Catalpa* ist der Name für die Indianerbohne in der Cherokesensprache (s. unten).

Gemeiner Trompetenbaum

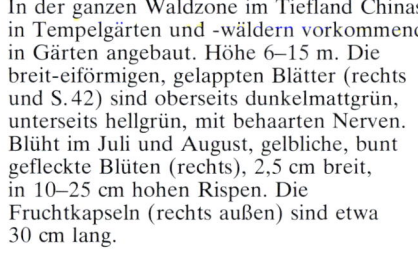

Catalpa bignonioides
Heimisch in den südöstlichen USA, häufig in Parks, Gärten und botanischen Gärten, vor allem in mildem Klima auf guten Böden angebaut. Höhe 7,5–20 m. Blüht (rechts innen) im Juni/Juli, Blüten weiß, gelbstreifig, etwa 5 cm breit in 15–20 cm regelmäßigen, aufrechten Rispen. Die Früchte (rechts außen) sind 15–40 cm lange, bleistiftstarke Kapseln, im Herbst braun. Die silbrig-grauen Samen sind 2,5 cm lang und werden im Frühjahr entlassen. Die Blätter (S. 42) sind 15–25 cm lang, herzförmig, der Rand wellig bis flach gelappt, unterseits behaart, unangenehm riechend. Eine der letzten Baumarten, die sich im Spätfrühling begrünen. Die dünne, kleinschuppige Rinde ist rötlich-braun oder grau. Die Sorte 'Aurea' hat gelbe Blätter.

Hybridcatalpa

Catalpa x *erubescens,* Synonym *C. hybrida*
Eine Gruppe von Hybriden aus *C. bignonioides* und *C. ovata,* entstanden 1874 in Indiana, unterscheiden sich von den Eltern in der Größe der Blüten (kleiner, rechts) und der Blätter (größer, rechts). Die Früchte (rechts außen) enthalten keine Samen. Die Blätter (S. 42) sind erst rötlich bis tief-dunkelrot (var. *purpurea*), später leuchtend grün, schwach fünfspitzig gelappt; auf der Oberseite und entlang der Nerven unterseits behaart. Die Rinde ist dunkelgrau, grobrückig und rissig.

Gelber Trompetenbaum

Catalpa ovata
In der ganzen Waldzone im Tiefland Chinas in Tempelgärten und -wäldern vorkommend, in Gärten angebaut. Höhe 6–15 m. Die breit-eiförmigen, gelappten Blätter (rechts und S. 42) sind oberseits dunkelmattgrün, unterseits hellgrün, mit behaarten Nerven. Blüht im Juli und August, gelbliche, bunt gefleckte Blüten (rechts), 2,5 cm breit, in 10–25 cm hohen Rispen. Die Fruchtkapseln (rechts außen) sind etwa 30 cm lang.

Mississippi-Catalpa

Catalpa speciosa
Selten in Flußtälern der mittleren USA.
Höhe bis 36 m. Blüht im Juni und Juli,
Blüten (rechts) 6 cm breit, 7–10 an 15 cm
hohen Rispen. Dickwandige Früchte (rechts
außen) 20–50 cm lang, Samen 2,5 cm.
Die Blätter (S. 42) sind dunkelgrün, auf
der Unterseite behaart, ganzrandig bis
schwach dreilappig, geruchlos. Die Rinde
ist hell rötlich-braun bis dunkelgrau,
tiefrissig.
Cedrela sinensis, **Chinesische Zeder;** Familie
Meliaceae. Heimisch im südlichen China
und Korea, in Europa vereinzelt als Garten-
und Alleebaum in milden Klimaten
angebaut, bis 20 m hoch werdend. Blüht
im Juni, Blüten weiß in 30 cm langen
Rispen, Früchte etwa 2,5 cm lange, holzige
Kapseln, fünfspaltig, Samen geflügelt.
Sommergrün, Blätter (S. 58) fünf- bis
zwölfpaarig gefiedert, geruchlos (Gegensatz
zu *Ailanthus*).

Cedrus, **Zeder;** Familie Pineaceae.
Immergrüne Bäume, Nadeln an Kurztrieben
(büschelig) und einzeln an Langtrieben
(ähnlich *Larix*). Pollenflug im Herbst.
Weibliche Zapfen aufrecht, eiförmig, im
2. bis 3. Sommer reifend, Samen mit sehr
großen Flügeln.

Atlas-Zeder

Cedrus atlantica
Heimisch im Atlas-Gebirge Algeriens und
Marokkos. Baum bis 40 m Höhe. Nadeln
(S. 23) grün oder bläulich-silbergrau. Als
Zierbaum werden die Blauzederformen
(var. *glauca*) bevorzugt. Die männlichen
Zapfen (links außen) sind 2,5–5 cm lang,
Pollenflug Ende September. Weibliche
Blütenstände (links außen, oben) reifen
zu eiförmig-zylindrischen, dunkelbraunen
Zapfen, 5–8 cm lang und 3,7–5 cm breit.

Himalaja-Zeder

Cedrus deodara
Zwischen 1000 und 4000 m im Himalaja
vorkommend, verbreitet in milden Lagen
in Europa in Gärten, Parks und botanischen
Gärten angebaut, seltener auch als
Nutzholzart. Höhe bis 75 m,
Stammdurchmesser bis 3 m. Männliche
Zapfen hellgrün, bis 8 cm lang, Pollenflug
Anfang November (links außen). Die
weiblichen (links außen, unten) entwickeln
sich zu 8–12 cm langen Zapfen (links),
reifen braun nach 2 Jahren. Die Nadeln
(S. 23) sind 2,5–5 cm und länger als die
der anderen Zedernarten. Kleine Zweige
hängen auffällig, junge Triebe sind behaart.

Libanon-Zeder

Cedrus libani
Heimisch im Libanon, Taurus und auf
Zypern, wegen guter Holzeigenschaften
seit dem Altertum genutzt und fast
ausgerottet. In milden Lagen als Zierbaum
in Europa und Nordamerika angepflanzt.
Höhe 20–40 m. Männliche Zapfen blaßgrün,
5 cm lang, Pollenflug im November (links
außen). Die weiblichen Blütenstände (links
außen, oben) entwickeln sich zu großen,
violett-grünen, 9–10 cm langen Zapfen
(links). Die Nadeln (S. 23) sind dunkelgrün,
2 cm lang. Die jungen Zweige sind fast
unbehaart. Im Alter breit schirmförmige,
etagenartige Krone.

Zypern-Zeder

Cedrus libani var. *brevifolia*,
Synonym *C. brevifolia*
Kleiner Baum bis 12 m Höhe in den Bergen
Zyperns, kann im Anbau auf guten Böden
höher werden. Männliche Zapfen (links
außen) werden 6 cm lang, Pollenflug Anfang
November. Die weiblichen, an der Spitze
genabelten Zapfen (links) sind etwas kleiner
als die der Libanon-Zeder. Die Nadeln
sind sehr kurz (S. 23), oft nur 1,2 cm lang.

Südlicher Nesselbaum

Celtis australis; Familie Ulmaceae.
Verbreitet von Italien bis Nepal, in sehr
milden Lagen auch weiter nördlich als
Zier- und Straßenbaum angebaut. Das
sehr harte Holz als „Triester Holz" gesucht,
die Rinde enthält ein gelbes Färbemittel,
das Laub wird verfüttert. Höhe 15–21 m.
Blüht im Mai, zweigeschlechtliche (rechts)
und männliche Blüten an einem Baum.
Frucht (rechts außen) eine 1,2 cm dicke,
eßbare Steinfrucht, rötlich bis bei Reife
purpurbraun, im Himalaja gelb, dann
schwarz. Die sägerandigen Blätter (S. 25)
sind oberseits dunkelgrün und rauh,
unterseits graugrün und behaart. Die Rinde
ist buchenähnlich glatt und grau.

Mississippi-Celtis

Celtis laevigata
Heimisch in den südöstlichen USA, in
milden Klimaten Amerikas und Europas
als Zier- und Schattenbaum angebaut.
Höhe 18–24 m. Blüht im Mai,
getrenntgeschlechtliche Blüten (rechts)
unscheinbar auf demselben Baum.
Steinfrucht 0,6 cm breit, grün, später orange
oder gelb, reift dunkelpurpurrot. Die Blätter
(S. 27) sind glattrandig, nicht gezähnt. Die
Rinde (rechts außen) schuppig, oft
rippig-beulig.

Nesselbaum

Celtis occidentalis
Heimisch in den östlichen USA, im
Heimatgebiet, in Mississippi und Europa
als Zier- und Schattbaum angebaut. Höhe
9–12 m. Blüht im Mai, die weiblichen Blüten
(rechts) entwickeln sich zu 0,8 cm
Steinfrüchten ähnlich *C. laevigata,* orangerot,
später dunkel purpurrot. Die Blätter (S. 29)
sind unterseits an den Hauptnerven behaart.
Die graubraune Rinde ist mit Warzen
besetzt.

Cephalotaxus, **Kopfeibe;** Familie
Cephalotaxaceae. Immergrüne, vorwiegend
zweihäusige, kleine Bäume oder Sträucher.
Blüten zu kleinen Köpfen vereinigt, ovale
Nüsse einsamig mit fleischiger Außenschale.
Die zweireihig abstehenden Nadeln sind
denen der nahestehenden *Torreya* ähnlich,
jedoch weicher.

Chinesische Kopfeibe

Cephalotaxus fortunei
Heimisch in Mittelchina, verbreitet als
Kleinbaum und Heckenpflanze, bis 6, selten
12 m hoch werdend. Die männlichen Blüten
(links außen) in 0,6 cm breiten Köpfchen
an der Unterseite der Jungtriebe, Blüte
und Pollenflug April und Mai. Die
weiblichen Blüten (links außen, unten)
paarweise an kurzen Stielen. Die 3 cm
langen, zuerst gelbgrünen, dann braunen
Früchte (links) reifen im gleichen Jahr.
An den 5–10 cm langen, 3–4 mm breiten,
eibenähnlichen Nadeln (links und S. 13)
leicht erkennbar.

Japanische Kopfeibe

Cephalotaxus harringtonia
Ursprung unsicher, wahrscheinlich aus
Mittelchina nach Japan als Zierbaum
eingeführt. Kleiner, gewöhnlich buschiger,
bis 5 m hoher Baum, blüht im Mai, Blüten
ähnlich wie bei *C. harringtonia* var.
drupaceae (links außen), jedoch haben
die männlichen Blüten etwa 2 cm lange
Stiele. Die Frucht (links innen) ist 2,5 cm
lang, zuerst grün, reift braun. Die Nadeln
(S. 13) sind ähnlich wie bei *C. fortunei,*
aber kürzer.
C. harringtonia var. *drupaceae*
In Japan und Korea heimische Form der
Japanischen Kopfeibe. Sie blüht im Mai,
im Unterschied zur vorigen Form sind
die männlichen Blüten kurzstieliger (0,6 cm)
und in längeren Büscheln angeordnet. Die
Früchte sind denen von *C. harringtonia*
ähnlich. Die Nadeln sind sehr regelmäßig,
zweizeilig gescheitelt angeordnet.

Katzurabaum

Cercidiphyllum japonicum; Familie
Cercidiphyllaceae.
Sommergrüner Baum, heimisch in Japan
und China, liefert wertvolles, leichtes
Nutzholz. In Europa als Zierbaum in milden
Lagen angepflanzt, empfindlich gegen
Spätfrost. Höhe bis 30 m, oft tiefverzwieselt.
Die zweihäusigen Blüten erscheinen im
April vor dem Blattaustrieb. Die männlichen
Blüten besitzen 15–20 gebüschelte rote,
etwa 0,8 cm lange Staubgefäße, die
weiblichen Blüten 3–5 gebüschelte,
drehwüchsige rote, etwa 0,6 cm lange
Griffel, die im Sommer 1,5–5 cm lange
Fruchthülsen (rechts) bilden. Die Blätter
(S. 39) sind zuerst leuchtend rot, im Sommer
grün, im Oktober gelb, orange, rot und
purpurrot.

Gemeiner Judasbaum

Cercis siliquastrum; Familie Leguminosae.
Sommergrüner Baum, heimisch im östlichen
Mittelmeerraum und in Südeuropa,
verbreitet als Zierbaum angepflanzt. Höhe
bis 12 m, gewöhnlich aber niedriger und
tiefverzwieselt. Blüht im Mai, die Blüten
(links außen) sitzen an alten
Zweigabsprüngen, an Ästen und am Stamm.
Die Hülsenfrucht (links) ist bis 10 cm lang
und zuerst grün, später hellrot bis purpurrot.
Die Blätter (S. 39) ähneln denen des
Katzurabaumes *(Cercidiphyllum japonicum),*
sind jedoch wechselständig.

Chamaecyparis, **Scheinzypresse;** Familie Cupressaceae. 7 Arten immergrüner Nadelbäume mit schuppenförmigen Nadeln an flach-dorsiventralen (nicht runden oder vierkantigen) Zweigen. Männliche und weibliche Blüten auf einem Baum. Die Zapfen sind beträchtlich kleiner als die der echten Zypressen *(Cupressus).*

Lawsonzypresse

Chamaecyparis lawsoniana
Heimisch in Kalifornien und Oregon, in vielen Zuchtformen in Europa und Nordamerika in Gärten, Parks und auf Friedhöfen verbreitet. Wegen des dauerhaften, mittelschweren Nutzholzes auch forstlich angebaut. 50–60 m Höhe auf guten Standorten, maximal 75 m und 5 m Durchmesser im Urwald. Männliche Blüten rötlich (rechts) über den ganzen Baum verteilt, Pollenflug im März. Die weiblichen Zapfen (rechts außen) etwa 0,8 cm groß, achtschuppig, zuerst grün, dann braun, Samen 3–4 mm lang, derbgeflügelt. Nadeln dicht anliegend (rechts und S. 10), weiße Spaltöffnungen an der Zweigunterseite. Die Zuchtformen unterscheiden sich in Baumform und Farbe der Nadeln.

Nutkazypresse

Chamaecyparis nootkatensis
(= Ch. nutkatensis)
Heimisch im westlichen Amerika von Alaska bis Oregon, liefert wertvolles, duftendes Nutzholz. Weit verbreitet als Zierbaum. 30–40 m Höhe, auf guten Standorten mehr. Männliche Blüten (rechts) gelblich, Pollenflug im März. Die weiblichen Blüten (auch rechts) sind zur gleichen Zeit offen und wachsen auf den oberen Zweigen. Die vier- bis sechsschuppigen Zapfen (rechts und rechts außen) sind etwa 1,2 cm breit, sie reifen im Herbst des zweiten Jahres rotbraun, Schuppen gedornt, Samen rund, geflügelt. Die stark aromatischen Nadeln (S. 10) ohne weiße Spaltöffnungen, Spitzen vom Zweig abstehend (rechts außen erkennbar).

Feuerzeder
Hinokizypresse

Chamaecyparis obtusa
Heimisch in Gebirgen bis 1000 m in Japan und Taiwan, liefert wertvolles Nutzholz. Weitverbreitet als winterharter Zierbaum, in Europa oft buschig und langsam wachsend. Höhe bis etwa 40 m. Männliche Blüten bräunlich (rechts), Pollenflug im April. Weibliche Blüten bläulich (rechts), die achtschuppigen Zapfen (rechts außen) etwa 1 cm breit, gehörnt. Samen birkenähnlich. Die Kantenblätter (S. 10) stumpf mit einwärts gewendeter Spitze, Y-förmige weiß-bläuliche Linie auf der Unterseite. Die Zuchtsorten unterscheiden sich in Form und Farbe.

Sawara-Scheinzypresse

Chamaecyparis pisifera
Heimisch in Zentraljapan, verschiedene
Formen als Zierbaum in Gärten und Parks
verbreitet angebaut. Baumhöhe 30–35 m,
maximal 45 m. Blüht (rechts) im April.
Die zehn- bis zwölfschuppigen, weiblichen
Zapfen (rechts innen und rechts außen)
sind erbsengroß. Die Kantenblätter (S. 10)
sind stachelspitzig, je Blatt unterseits ein
weißer Fleck. Rinde charakteristisch rötlich,
weichfaserig.

Kugelzypresse

Chamaecyparis thyoides
Heimisch im östlichen Nordamerika, wo
sie in Sumpfgebieten an der Küste wächst.
Gelegentlich als Zierbaum angepflanzt.
Baumhöhe meist bis 15 m, maximal 25 m.
Blüht (rechts) im März. Die sechsschuppigen
Zapfen (rechts außen) haben etwa 0,6 cm
Durchmesser. Die Kantenblätter (S. 10)
haben angedrückte Spitzen, Zweige sehr
schmal.

Goldene Kastanie

Chrysolepis chrysophylla; Familie Fagaceae
Ein immergrüner Baum, heimisch in
Kalifornien und Oregon. Baumhöhe bis
30 m, auf ungünstigen Standorten kleiner
und buschig. Blüht im Juli, die 2–5 cm
langen, kätzchenartigen Blütenstände tragen
überwiegend männliche Blüten, die büschelig
an ihrer Basis sitzen (links außen). Die
2–4 cm breiten, ein- bis zweisamigen Früchte
(links) ähneln der Eßkastanie *(Castanea
sativa)* und reifen im zweiten Herbst. Die
goldbraunen Nüsse sind süß und eßbar.
Die Blätter (S. 24) werden 2–3 Jahre alt
und färben sich vor dem Abfall gelb.

Gelbholz

Cladrastis lutea; Familie Leguminosae.
Sommergrüner, mittelgroßer Baum auf
Kalkböden in den südöstlichen USA, als
Zierbaum und in Parks und Arboreten
in Europa eingeführt. Das frisch
geschnittene, leuchtend gelbe Holz liefert
ein gelbes Färbemittel. Baumhöhe bis 20 m.
Blüht im Juni, Blüten weiß und duftend,
2,5–3 cm lang an 1,5 cm langen Stielen
in 20–35 cm langen Trauben, in Europa
oft nicht blühend. Die vier- bis sechssamigen
Schoten sind 6–10 cm lang, 1,2 cm breit,
eingeschnürt, reifen im September. Die
wechselständigen Blätter (S. 53) färben
sich im Herbst leuchtend gelb (rechts).
Die Rinde ist buchenartig glatt bis
feinrissig-pockennarbig (rechts außen).

Chinesisches Gelbholz

Cladrastis sinensis
Sommergrüner Baum in den Gebirgen
im mittleren China, selten in botanischen
Gärten in Europa. Baumhöhe bis 20 m,
oft buschig. Blüht im Juli, die duftenden
rötlichweißen Blüten (rechts) in
vielverzweigten, bis 30 cm langen Rispen.
Die dünnen Schoten (rechts außen) werden
etwa 5–7,5 cm lang und fallen Ende
September ab. Die Fiederblätter (rechts
und S. 57) bestehen aus 9–14
wechselständigen Blättchen an einer
behaarten Mittelrippe.

Cornus alternifolia, **Wechselständiger
Hartriegel;** Familie Cornaceae.
Sommergrüner Strauch bis Halbbaum im
Unterstand der Laubwälder in den östlichen
USA. Höhe bis 6 m. Blüten im Juni in
flachen, 5 cm breiten Köpfen, runde
Steinfrucht schwarz, 0,6 cm. Blätter (S. 35)
wechselständig.

**Japanischer
Hartriegel**

Cornus controversa
Sommergrüner Halbbaum (oben links)
in China und Japan, in Europa selten in
Gärten. Höhe 9–15 m. Die Blüten Ende
Juni in Köpfen von 5–10 cm Durchmesser
(links). Runde Steinfrucht, schwarz, 0,6 cm.
Die Blätter (S. 35) sind wechselständig
(links).
Cornus florida, **Blumenhartriegel**
Sommergrüner Strauch bis Halbbaum (oben
rechts) in Nordamerika. Höhe 3–6 m. Blüht
im Mai, Blütenköpfe von vier großen
Hochblättern umgeben (links außen). Die
scharlachrote Steinfrucht, 1,2 cm lang,
reift im Oktober. Sattgrüne, unterseits
weißliche Blätter mit 6–7 bogenläufigen
Nervenpaaren (S. 35), Herbstfärbung rot,
gelb oder orange.

**Kornelkirsche
Gelber Hartriegel**

Cornus mas
Strauch bis Halbbaum in Mittel- und
Südosteuropa, beliebt als winterblütiger
Gartenstrauch, die hübschen Früchte sind
eßbar. Holz hart, zäh, rotbraun. Höhe
bis 14 m, meist aber niedriger und buschig.
Blüht im Februar bis April vor
Blattausbruch, Blüten in einfachen, kleinen
Dolden (links außen), Beerenfrucht (links)
etwa 2 cm groß, oval, reift im September.
Die Blätter (S. 35) sind beiderseits grün
mit 3–5 bogenläufigen Nervenpaaren.

Pazifischer Hartriegel

Cornus nuttallii
Sommergrüner Strauch bis Halbbaum im
Westen Nordamerikas, Höhe bis 18 m.
Blüht im Mai, Blüten in 2 cm breiten
Köpfen, umgeben von 4–8 auffälligen,
großen Hochblättern (links außen). Rote
Beerenfrüchte in Köpfen. Blatt beiderseitig
sattgrün mit 3–5 bogenläufigen
Nervenpaaren (S. 35), Herbstfärbung (links)
scharlachrot, orange und gelb.

Corylus, **Hasel;** Familie Corylaceae.
Sommergrüne Bäume oder Büsche mit
wechselständigen, gezähnten Blättern.
Einhäusig, Blüten getrenntgeschlechtlich,
männliche Blüten als hängende Kätzchen,
weibliche unscheinbar. Die Frucht ist eine
Nuß, umgeben von blattähnlicher
Fruchthülle.

Haselnußstrauch

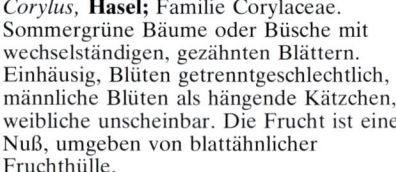

Corylus avellana
Sommergrün, verbreitet auf fruchtbaren
Böden in Westasien, Nordafrika und
Europa, angebaut in Flurgehölzen und
Knicks. Früchte eßbar, die Ruten wurden
wegen ihrer Biegsamkeit früher für viele
Zwecke verwendet. Strauch bis Halbbaum,
Höhe bis 8 m. Blüht im Februar bis April,
männliche Kätzchen (rechts) 3,5–6 cm
lang, weibliche Blüten mit roten Narben
(rechts). Die eßbare, ölreiche Nußfrucht
hat eine zerschlitzte Fruchthülle (rechts
außen). Die Blätter (S. 39) doppelt-gesägt,
beidseitig behaart.

Baumhasel

Corylus colurna
Heimisch in Südosteuropa und Westasien,
als Zierbaum in Gärten, Parks und
Arboreten. Hoher Strauch, meist Baum,
Höhe bis 20 m. Männliche Kätzchen (rechts)
bis über 10 cm lang, Pollenflug im Februar.
Weibliche Blüten (rechts unten) unscheinbar.
Nüsse 1,2 cm breit mit tiefgeschlitzter
Fruchthülle (rechts außen). Die
herzförmigen Blätter (S. 39) sind 7–15 cm
lang, 5–10 cm breit und oft fast gelappt.

Amerikanischer Perückenstrauch

Cotinus obovatus Syn. *C. americanus,*
Familie Anacardiaceae.
Heimisch in den südöstlichen USA, aus
der Rinde wird ein orangerotes Färbemittel
gewonnen. Verbreitet als Zierstrauch
angebaut. Strauch oder Halbbaum bis 9 m
Höhe. Zweihäusig, Blüte im Juni. Die
männlichen (links außen) und weiblichen
Blütenköpfe sind sehr ähnlich. Nach dem
Abblühen verbleiben die zahlreichen, leeren
Blütenstände und geben ein
schleierähnliches, wolkiges Aussehen. Es
bilden sich nur wenige kleine, 0,3 cm lange
Früchte. Die verkehrt eiförmigen Blätter
(S. 32) sind zuerst hellgrün bis
dunkelbraunrot (links außen). Später
wunderschön leuchtend rot (links). In
Europa wird häufig auch der europäische
Perückenbaum *(C. coggygria)* angebaut.

Himalaja-Baummispel

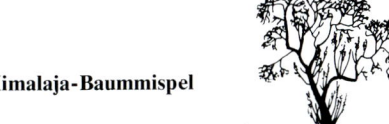

Cotoneaster frigidus, Familie Rosaceae.
Ein kleiner sommergrüner Baum oder
Busch des Himalaja, als Zierbaum in Gärten
und Parks angepflanzt. Höhe bis 6 m. Blüht
im Juni, die Blüten (rechts) in
Doldentrauben sind 0,8 cm groß. Die
auffallend korallenroten Früchte reifen
im September und bleiben den Winter
über am Baum. Die jungen Blätter (S. 32)
sind anfangs silbrig behaart, später
dunkelgrün und haarlos. Verschiedene
andere, immergrüne und sommergrüne
strauchige Cotoneasterarten sind beliebte
Zier- und Sichtschutzpflanzen in Gärten
und Parks.

Crataegus, **Weißdorn;** Familie Rosaceae. Eine artenreiche Gattung sommergrüner Büsche und Bäume, Zweige meist dornspitzig. Die Blätter sind gewöhnlich gezähnt, auch gelappt, und mit Stipeln oder Nebenblättern an der Blattstielbasis. Die Blüten sind zwittrig, meist in Büscheln. Die Frucht ist fleischig und enthält harte Nüßchen.

Mittelmeerdorn

Crataegus azarolus
Heimisch im Mittelmeergebiet. Die Früchte haben einen apfelähnlichen Geschmack und werden für Marmeladen und Liköre verwendet. Höhe bis 9 m. Blüht im Juni, die 1,2 cm großen Blüten (links außen) bilden 5–7,5 cm breite Blütenstände. Die 2–2,5 cm große Frucht (links) reift im September meist orange-gelb, in Varietäten auch weiß oder rot. Die Blätter sind tief eingeschnitten und unterseits behaart.

Hahnenfuß-Weißdorn

Crataegus crus-galli
Heimisch im mittleren und östlichen Nordamerika, Anbau als Zierbaum oder Hecke. Die Dornen sind 3,7–7,5 cm lang, an alten Bäumen können sie 10–15 cm lang werden und verzweigt sein. Strauch oder Halbbaum bis 7,5 m Höhe. Blüht im Juni, die Blüten (links außen) sind etwa 1,2 cm breit, die Blütenstände 5–7,5 cm. Die 1,2 cm große Frucht (links) reift im Oktober und bleibt den Winter über am Baum. Die Blätter (S. 37) färben sich im Herbst scharlachrot.

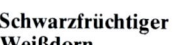

Schwarzfrüchtiger Weißdorn

Crataegus douglasii
Heimisch im östlichen und mittleren Nordamerika, als Zierbaum in Gärten und Arboreten. Höhe bis 9 m. Blüht im Mai, die 1,2 cm großen Blüten (links außen) bilden 5 cm breite Trauben. Die 0,8 cm große Frucht (links) wird im reifen Zustand glänzend schwarz und fällt im August/September ab. Die Blätter (S. 38) sind unregelmäßig gesägt. Die kräftigen Dornen sind etwa 2–2,5 cm lang, können aber auch fehlen.

Chinesischer Weißdorn

Crataegus laciniata
Heimisch in China, als Zierbaum in Gärten angepflanzt. Höhe 4–5 m. Blüht im Juni, die Blüten (links außen) sind etwa 2 cm breit. Frucht etwa 2 cm groß (links), reift im Oktober. Die Blätter (S. 47) sind tief eingeschnitten und auf beiden Seiten, besonders jedoch auf der Unterseite, behaart. Die Zweige tragen wenige Dornen.

Zweigriffeliger Weißdorn

Crataegus laevigata, Syn. *C. oxyacantha*
Heimisch in Europa, kleiner und weniger dornig als der eingriffelige Weißdorn *(C. monogyna)*. Blüht im Mai. Die Blüten (links außen) sind 1,2 cm breit, zwei bis gelegentlich drei Griffel. Die Früchte (links) sind oval, etwa 0,6–2 cm lang, im Gegensatz zu *C. monogyna* zwei- bis dreisamig. Die Blätter (S. 47) sind weniger stark gelappt als die von *C. monogyna* oder *C. laciniata.*

Crataegus laevigata 'Paul's Scarlet'
Entstanden in England um 1858 aus einem Baum der rosa gefüllt blühenden Art (unten). Verbreitet in Parks und Gärten. Blüht im Mai bis Juni. Die Blüten (links außen) sind gefüllt und kräftig gefärbt. Früchte sind selten. Die Blätter sind denen der Wildform ähnlich.

Crataegus laevigata 'Punicea Flore Pleno'
Ebenfalls eine Kultursorte von *C. laevigata.* Man nimmt an, daß sie auf dem europäischen Kontinent entstanden ist. Als Park- und Gartenbaum angepflanzt, aber weniger häufig als 'Paul's Scarlet' (oben). Blüht im Mai bis Juni. Die Blüten (links) sind gefüllt und rosa.

Hahnenfuß-Weißdornhybride

Crataegus x *lavallei*
Eine Hybride, wahrscheinlich in Frankreich entstanden, angebaut als Zierbaum. Höhe 4,5–6 m. Blüht im Juni. Die Blüten sind 2,5 cm breit, die Blütenstände 5–6 cm (links außen). Die 2 cm breite Frucht bleibt über Winter am Baum (links). Die Blätter (S. 37) sind dunkler glänzend grün als die der meisten anderen Crataegusarten. Dornen 2,5 cm lang, nicht zahlreich.

Behaarter Weißdorn

Crataegus mollis
Heimisch in den mittleren USA, angebaut als Zierbaum, Höhe 9–12 m. Blüht im Juni. Die Blüten sind weiß mit einem roten Fleck in der Mitte, etwa 2,5 cm breit. Die rote, behaarte und kugelige, 2–2,5 cm große Frucht reift im September. Die Blätter (S. 38) sind besonders unterseits behaart. Die Dornen sind etwa 5 cm lang.

Eingriffeliger Weißdorn

Crataegus monogyna
Heimisch in Europa, spielt in alten Bräuchen und Aberglauben eine Rolle. Höhe bis 10,5 m. Blüht Anfang bis Mitte Mai. Die duftenden Blüten (links außen) sind rein weiß. Die einsamige (vgl. *C. laevigata*) Frucht (links) reift im September. Die Blätter (S. 47) sind fünf- bis siebenlappig. Die Rinde (S. 217) ist dunkelbraun, dünn-rechteckig-plattig aufbrechend.

C. monogyna 'Biflora', **Glastonbury-Dorn**
Eine in Glastonbury entstandene Sorte. Nach der Legende hat Joseph von Arimathia seinen Stab in die Erde gestoßen, der darauf zu blühen begann, obwohl es Weihnachten war. Die Sorte blüht und trägt Blätter in mildem Wetter während des ganzen Winters.

Crataegus oxyacantha siehe
Crataegus laevigata S. 107

Scharlachroter Weißdorn

Crataegus pedicellata
Heimisch im östlichen Nordamerika, Halbbaum bis 6 m Höhe. Blüht im Mai bis Juni. Die Blüten (links außen) haben einen auffallenden roten Fleck in der Mitte. Die 2 cm großen, scharlachroten Früchte (links) reifen im September. Die Blätter (S. 38) sind oberseits rauh, aber nicht behaart, gewöhnlich grob gezähnt. Die Dornen sind glänzend, braun und 5 cm lang.

**Breitblättriger
Weißdorn**

Crataegus prunifolia
Der Ursprung der Art ist ungewiß.
Die Art ähnelt dem Hahnenfuß-Weißdorn
(*C. crus-galli*). Höhe bis 6 m. Blüht im Juni.
Die Blüten (links außen) sind 1,8 cm breit.
Die etwa 1,2 cm große Frucht (links) reift
im September und fällt dann bald ab. Die
gezähnten Blätter (S. 37) färben sich im
Herbst rot. Die Dornen sind hart,
3,7–7,5 cm lang und sehr spitz.

Sicheltanne

Cryptomeria japonica; Familie Taxodiaceae
In China und Japan heimische, immergrüne
Konifere. Verbreitet als Zierbaum,
gelegentlich auch außerhalb Japans als
Nutzholz angebaut. Baumhöhe 40–70 m,
Stammdurchmesser bis 1–2 m. Einhäusig,
männliche Kätzchen entlassen Pollen im
Februar bis März. Die weiblichen Zapfen
zuerst winzige grüne Rosetten an den
Spitzen der Jungtriebe (rechts Mitte), später
1,5–3 cm große, kugelige Zapfen, die braun
reifen (rechts außen). Die 4–6 mm langen
Samen reifen im ersten Jahr und fallen
im Herbst aus. Die Benadelung ist fünfzeilig,
pfriemlich, drei- bis vierkantig und einwärts
gebogen (rechts und S. 12). Rinde
rötlich-braun, weich und faserig-streifig.

**Spießtanne
Zwittertanne**

Cunninghamia lanceolata, Syn. *C. sinensis;*
Familie Taxodiaceae.
Im südlichen China heimische, immergrüne
Konifere. Wegen des feinen Holzes wichtiger
Forstbaum, in Europa nur im wintermilden
Westen angebaut. Baumhöhe bis 30 m,
selten bis 45 m. Einhäusig, männliche Blüten
in großen, endständigen Büscheln (links
außen), Pollenflug im April, weibliche
Blüten ebenfalls endständig, 1,2 cm groß.
Zapfen (links) bis 4,5 cm groß, mit
abstehenden, dünnen, dreisamigen
Deckschuppen. Nadeln (S. 13) steif, spitz,
3–7 cm lang, mehr oder weniger zweizeilig.
Rinde braun, schuppig.

Leyland-Zypresse

x *Cupressocyparis leylandii;* Familie Cupressaceae
Eine Hybride zwischen Nutka-Zypresse *(Chamaecyparis nootkatensis)* und Monterey-Zypresse *(Cupressus macrocarpa).* Angebaut als Zierbaum und als Heckenpflanze. Einhäusig, männliche Blüten erscheinen im Herbst und entlassen die Pollen im folgenden Frühjahr (rechts). Weibliche Zapfen zuerst grün, später glänzendbraun (rechts außen), etwa 1–2 cm breit. Bedeutende Zuchtklone: x *C. leylandii* 'Haggerston Grey' hat graublaue Benadelung, Kurztriebe nach allen Richtungen hin um die braunen, holzigen Zweige (S. 10, Blüten und Früchte s. rechts). x *C. leylandii* 'Leighton Green' (Klon 11) besitzt kräftigere grüne Triebe, und die Kurztriebe von verholzten Zweigen liegen in einer Ebene.

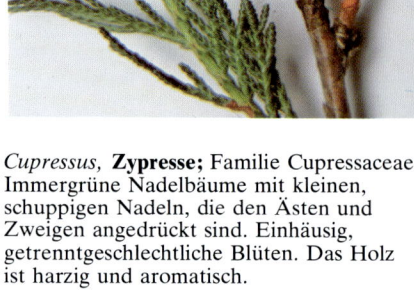

Cupressus, **Zypresse;** Familie Cupressaceae. Immergrüne Nadelbäume mit kleinen, schuppigen Nadeln, die den Ästen und Zweigen angedrückt sind. Einhäusig, getrenntgeschlechtliche Blüten. Das Holz ist harzig und aromatisch.

Rauhborkige Arizona-Zypresse

Cupressus arizonica
Heimisch in den südwestlichen USA und in Nordmexiko. Angebaut als Zierbaum in Gärten und Arboreten. Baumhöhe bis 25 m. Männliche und weibliche Blüten (links außen, unten und oben) auf verschiedenen Zweigen. Pollenflug im Februar, weibliche Zapfen etwa 2 cm groß (links) mit 6–8 Schuppen mit ausgeprägtem Buckel. Die Benadelung ist auf S. 11 dargestellt. Die Borke junger Bäume ist braun und faserig, dünnplattig, im Alter grau.

Glattborkige Arizona-Zypresse

Cupressus glabra
Heimisch in Arizona, westlich an das Verbreitungsgebiet von *C. arizonica* anschließend. Höhe 14–18 m. Männliche Blüten (links außen) entlassen Pollen im Februar; weibliche Zapfen (links) etwa 1,5 cm groß. Benadelung (S. 11) ist bläulich-grau mit kleinen Rillen auf den Nadelrücken. Die Borke ist rotbraun und glatt, kleinschuppig abfallend.

**Monterey-
Zypresse**

Cupressus macrocarpa
Heimisch in Kalifornien, angebaut in Gärten
als Zierbaum und Heckenpflanze, auch
als Windschutz. Baumhöhe bis 20 m oben
links, mehr auf guten Standorten oben
rechts. Blüht im März (links außen), die
weiblichen Zapfen (links) sind 2,5–3,7 cm
groß und haben 4–14 Schuppen. Die
Benadelung ist auf S. 11 dargestellt. Die
Borke ist rotbraun, feinrückig und schuppig.

Mittelmeer-Zypresse

Cupressus sempervirens
Heimisch im Mittelmeergebiet, verbreitet
in Gärten und Friedhöfen angebaut. Liefert
gutes, aromatisches Nutzholz. Baumhöhe
bis 25–45 m, Baumform bei den
verschiedenen Sorten sehr unterschiedlich
von schmal säulenförmig bis seltener
breitkronig mit abstehenden Ästen. Blüht
im März (links außen), weibliche Zapfen
1,8–3 cm groß mit 8–14 gehörnten Schuppen
(links). Die Benadelung ist auf S. 11
dargestellt. Die Borke ist rotbraun, dünn
und längsrissig faserig.

Quitte

Cydonia oblonga; Familie Rosaceae
Sommergrüner Baum, wahrscheinlich
ursprünglich aus Zentralasien stammend,
seit vorgeschichtlicher Zeit in Europa als
Fruchtbaum angebaut. Baumhöhe bis 6 m.
Blüht im Mai, Blüten etwa 5 cm breit
(rechts). Frucht (rechts außen) birnenförmig,
bis 10 cm lang, gewöhnlich filzig behaart,
sehr aromatisch, aber nur in gekochtem
Zustand eßbar. Auch die Blätter (S. 32)
sind in der Jugend filzig behaart.

112

Taschentuchbaum

Davidia involucrata; Familie Davidiaceae
Sommergrüner Baum in den Gebirgen
des mittleren und südwestlichen China.
Baumhöhe bis 20 m. Blüht im Mai, Blüten
klein und unscheinbar grün, auffällige weiße
Hochblätter (links außen), männliche und
weibliche Blüten in getrennten
Blütenständen. Frucht (links) einzeln, 3,7 cm
lang, zuerst grün, später rotbraun, 3–5
Samen enthaltend. Die Blätter (S. 41) sind
hellgrün, unterseits dicht, oberseits leicht
behaart, in der Jugend aromatisch.
D. involucrata var. *vilmoriniana* hat im
Gegensatz dazu unterseits glatte Blätter.

Dattelpflaume

Diospyros lotus; Familie Ebenaceae
Sommergrüner Baum in milden Lagen
des nordöstlichen China, als Fruchtbaum
in China und in Teilen Europas angebaut.
Höhe bis 20 m. Blüht im Juli, zweihäusig,
männliche Blüten (rechts) in kleinen
Gruppen in Blattachseln, weibliche Blüten
einzeln, 0,6 cm breit. Frucht (rechts außen)
1,2–2 cm groß, erst grün, dann gelb bis
purpurrot. Blätter (S. 27) glänzend,
dunkelgrün.

Gemeiner Persimmon

Diospyros virginiana
Sommergrüner Baum der östlichen und
mittleren USA. Die den Speichel
zusammenziehende Frucht wird gelegentlich
in den Wäldern gesammelt. Höhe 12–20 m,
gelegentlich mehr. Blüht im Juli. Weibliche
Blüten (rechts) einzeln, etwa 2 cm lang;
männliche Blüten in Gruppen und etwas
kleiner. Frucht ähnlich der Dattelpflaume,
2,5–5 cm groß, erst grün, dann hellorange,
oft auf einer Seite rötlich. Die Blätter sind
auf S. 27 dargestellt. Die Borke (rechts
außen) ist sehr dunkel, schwärzlich
graubraun, dick und tief-rissig.

Dipteronia

Dipteronia sinensis; Familie Aceraceae
Sommergrüner Baum, heimisch in
Mittelchina. Baumhöhe bis 9 m, oft buschig.
Blüht im Juni, Zwitterblüten in 15–30 cm
langen Rispen (links außen). Geflügelte
Früchte (links) 2–2,5 cm lang. Gefiedertes
Blatt (S. 57) mit 7–11 Blättchen, unterseits
in den Nervenachseln behaart.

Winters Drimys

Drimys winteri; Familie Winteraceae
Immergrüner Baum oder Busch in Süd-
und Zentralamerika. Die bekannteste Form
in Gärten ist var. *latifolia.* Für Europa
entdeckt von Kapitän William Winter auf
einer Reise mit Sir Francis Drake, der
Proben der Borke als Gewürz und Mittel
gegen Skorbut nach Europa brachte. Blüht
im Juni, die duftenden Blüten sind etwa
3,7 cm breit (rechts). Die schwarzen,
fleischigen Früchte enthalten 15–20 Samen
und stehen zu mehreren am Ende eines
langen Stengels (rechts außen), reifen im
Herbst. Die Fruchtstände stehen im
Gegensatz zur Abbildung ebenfalls meist
zu mehreren zusammen. Die Blätter (S. 24)
sind lang und schmal bis oval. Die Rinde
(S. 217) ist aromatisch, glatt, graubraun
bis orangebraun.

Ölweide

Elaeagnus angustifolia; Familie Elaeagnaceae
Sommergrüner Baum bis Busch in
Westasien, eingeführt im südlichen und
mittleren Europa in Parks und Gärten.
Die Frucht wird zu Süßigkeiten verarbeitet.
Höhe bis 12 m. Blüht im Juni, Blüte etwa
0,6 cm breit (links außen) und stark duftend.
Früchte oval, 1,2 cm lang, silbrig-gelb und
süß. Blätter (S. 24) unterseits
silbrig-schuppig. Die Borke ist links
abgebildet.

Chilenischer Feuerbusch

Embothrium coccineum; Familie Proteaceae
Immergrüner Baum oder Busch, heimisch
in Chile, als Zierpflanze in Gärten angebaut.
Höhe bis 12 m. Blüht im Juni, die
auffälligen, scharlachroten Blüten (rechts)
sind 3,7–5 cm lang und stehen in Köpfen.
Die holzige Frucht (rechts außen) ist
5–7,5 cm lang und enthält geflügelte Samen.
Die Blätter (S. 24) sind sehr unterschiedlich
in Größe und Form, gewöhnlich bis 15 cm
lang und schmal, aber oft sehr viel kürzer
und mehr rundlich als lang.

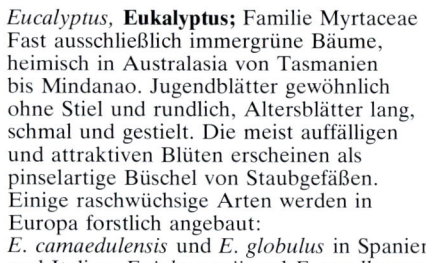

Eucalyptus, **Eukalyptus;** Familie Myrtaceae
Fast ausschließlich immergrüne Bäume,
heimisch in Australasia von Tasmanien
bis Mindanao. Jugendblätter gewöhnlich
ohne Stiel und rundlich, Altersblätter lang,
schmal und gestielt. Die meist auffälligen
und attraktiven Blüten erscheinen als
pinselartige Büschel von Staubgefäßen.
Einige raschwüchsige Arten werden in
Europa forstlich angebaut:
E. camaedulensis und *E. globulus* in Spanien
und Italien, *E. johnstonii* und *E. muellerana*
in Irland.

Mostiger Eukalyptus

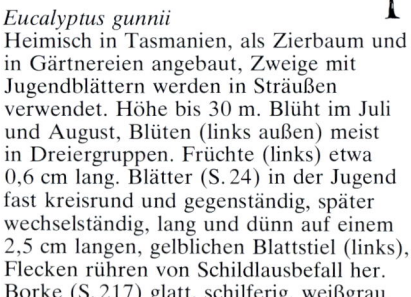

Eucalyptus gunnii
Heimisch in Tasmanien, als Zierbaum und
in Gärtnereien angebaut, Zweige mit
Jugendblättern werden in Sträußen
verwendet. Höhe bis 30 m. Blüht im Juli
und August, Blüten (links außen) meist
in Dreiergruppen. Früchte (links) etwa
0,6 cm lang. Blätter (S. 24) in der Jugend
fast kreisrund und gegenständig, später
wechselständig, lang und dünn auf einem
2,5 cm langen, gelblichen Blattstiel (links),
Flecken rühren von Schildlausbefall her.
Borke (S. 217) glatt, schilferig, weißgrau.

Schnee-Eukalyptus

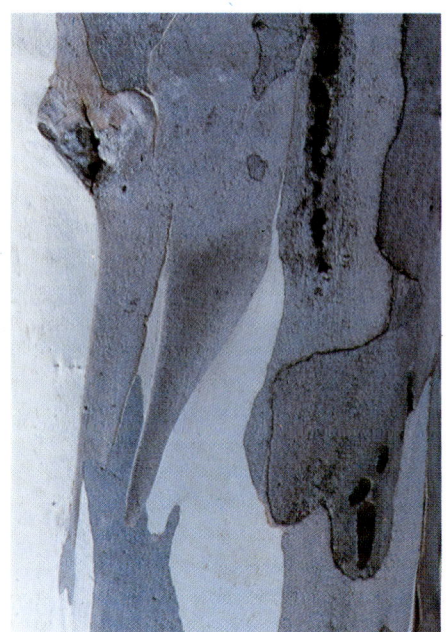

Eucalyptus niphophila
Heimisch in den Bergen von Neusüdwales
und Victoria bis 2000 m. Ziemlich
frostresistent und in Europa in milden
Lagen mit Erfolg angebaut. Höhe bis 6 m,
in milden Lagen auch höher. Blüht im
August, Blüten (links außen) in Gruppen
von 9–11. Die Frucht (links außen, unten)
etwa 0,6 cm lang. Die Blätter (S. 24)
erscheinen vom 2. Lebensjahr ab in der
Altersform, bei Blattausbruch orange-braun,
später grau-grün mit roten und gelben
Blattstielen. Blattform entweder kurz und
rundlich oder lang, dünn und gebogen.
Die Rinde (links) ist grau und fällt in großen
Platten ab, die junge Rinde ist fast weiß.

Dreh-Eukalyptus

Eucalyptus perriniana
Heimisch in Tasmanien, Victoria und
Neusüdwales in 300–600 m Seehöhe.
Ziemlich frostresistent und in Europa in
Gärtnereien angebaut. Zweige mit
Jugendblättern, vor allem Stockausschläge,
in der Blumenbinderei verwendet. Höhe
bis 6 m. Blüht im August, Blüten (links
außen) in Dreiergruppen. Früchte (links
außen, unten) etwa 0,5 cm lang. Die Blätter
(S. 24) in der Jugendform rund, paarweise
den Zweig umschließend, beim Abfallen
sich in der Luft drehend. Altersblätter
lang, dünn und mehr oder weniger gebogen.
Die Rinde (links) ist dunkelgrau mit
ringförmigen Wülsten an den Stellen alter
Blattabsprünge, die junge Rinde
rötlich-hellbraun.

Ulmenblättrige Eucommia

Eucommia ulmoides; Familie Eucommiaceae
Ein sommergrüner Baum in Mittelchina,
meist kultiviert. Gedeiht in Europa in
Arboreten und Parks. Die Blätter liefern
einen gummiartigen Milchsaft. Höhe bis
9–20 m. Zweihäusig, blüht im Februar
vor Blattausbruch. Die männlichen Blüten
(rechts) sind Büschel von Staubgefäßen;
die weiblichen Blüten sind unscheinbare
Stempel. Die Früchte (rechts außen)
erinnern an Ulmenfrüchte, dünn und 3,7 cm
lang, einsamig. Die Blätter sind auf S. 33
und rechts außen abgebildet. *Eucommia*
ist äußerlich einer Ulme sehr ähnlich,
unterscheidet sich aber durch das
gekammerte Mark der Triebe und Zweige.

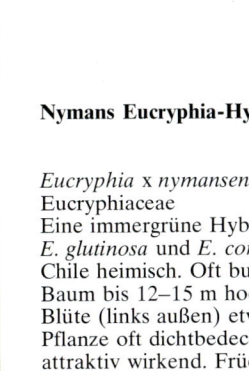

Nymans Eucryphia-Hybride

Eucryphia x *nymansensis;* Familie
Eucryphiaceae
Eine immergrüne Hybride zwischen
E. glutinosa und *E. cordifolia,* beide in
Chile heimisch. Oft buschig, meist kleiner
Baum bis 12–15 m hoch. Blüht im August,
Blüte (links außen) etwa 6 cm breit, die
Pflanze oft dichtbedeckend und sehr
attraktiv wirkend. Früchte (links) etwa
0,6 cm lang, enthalten gelegentlich
keimfähige Samen. Blätter (S. 50)
zusammengesetzt, drei Teilblättchen,
gelegentlich auch einfach aus einem Blatt
bestehend wie die Elternarten.

Koreanische Euodia (Evodia)

Euodia daniellii; Familie Rutaceae
Sommergrüner Baum, heimisch in Korea
und Nordchina, als Zierbaum in Gärten,
Parks und Arboreten in Europa und
Amerika angebaut. Höhe bis 15 m. Blüht
im August und September, Blüten (rechts)
riechen stark und sind gewöhnlich
eingeschlechtlich, die Blütenstände können
10–15 cm breit sein. Früchte
rötlich-schwarze Kapseln mit hakenförmigem
Ende. Blätter (S. 53) verfärben sich im
Herbst gelb (rechts außen). Verschiedene
andere Euodiaarten werden in China und
Europa angebaut und sind von *E. daniellii*
kaum zu unterscheiden.

Fagus, **Buche;** Familie Fagaceae
Sommergrüne Bäume, ausschließlich in
der nördlichen Hemisphäre. Blätter
wechselständig, Blattnerven paarig und
parallel; einhäusig, männliche und weibliche
Blüten in getrennten Blütenständen. Früchte
eßbare Nüsse, 1 oder 2 in verholzten
Fruchtbechern.

Ostbuche

Fagus orientalis
Heimisch in Kleinasien, dem Kaukasus,
im östlichen Balkan auf mehr geschützten
Standorten als die Rotbuche *(F. sylvatica).*
Höhe bis 30 m. Blüht im Mai, männliche
Blüten (links außen) in hängenden
Köpfchen, mehr glockenförmig als bei
der Rotbuche. Weibliche Blüten engständig,
an harten Stielen. Frucht (links) etwa 2,5 cm
lang, Reife und Samenabfall im Oktober.
Die Blätter (S. 33) sind etwas länger als
bei der Rotbuche, 7–12 Nervenpaare. Die
Rinde ist glatt, dunkelgrau und gefurcht.

Rotbuche

Fagus sylvatica
Park-, Garten- und Waldbaum in West-,
Mittel- und Südeuropa. Nüsse ölhaltig,
Holz früher wichtigste Energiequelle für
Haushalte und Industrie, heute wichtige
Massenholzart. Höhe bis 30 m und darüber,
Stammdurchmesser bis zu 2,5 m. Blüht
im Mai, männliche Blüten in sehr
zahlreichen hängenden Köpfchen (links
außen), weibliche Blüten einzeln oder zu
zweit am Triebende. Die stachelborstige
Frucht (links) reift im September bis
Oktober und enthält ein bis zwei 1,5 cm
lange, dreieckige Nüsse. Die Blätter (S. 33)
besitzen 5–7 paarige Nerven. Die Rinde
(S. 117, oben rechts) ist glatt, gelegentlich
warzig und feinrissig und grau.

Fagus sylvatica 'Asplenifolia'
Diese Form, auch 'Heterophylla' genannt, hat tiefgeschlitzte Blätter (S. 47 und links außen), gelegentlich wird auch die einfache Ursprungsform ausgebildet. Die Blüten (links außen) ähneln den Blüten der Rotbuche *(F. sylvatica)*. Die Borke ist gleich der links abgebildeten Borke der typischen Form von *F. sylvatica*.

Säulenbuche

F. sylvatica 'Dawyk' entstand und wurde zuerst kultiviert in Dawyk, England; sie hat eine auffällige Säulenform. Blätter und Blüten sind der typischen Form von *F. sylvatica* gleich.

Hängebuche

F. sylvatica forma *pendula*
Gewöhnlich kleiner als die typische *F. sylvatica* und gekennzeichnet durch eine dichte, hängende Verzweigung. Blüten und Blätter sind gleich denen der typischen Form.

Blutbuche

F. sylvatica forma *purpurea*
Eine in Parks und Gärten weit verbreitete Form der Rotbuche, die sich durch mehr oder weniger purpur- bis dunkelrote Belaubung (S. 33) auszeichnet. Auch die Blüten (links außen) und Früchte (links) haben eine rötliche Färbung.

Feige

Ficus carica; Familie Moraceae
Sommergrüner Baum, heimisch in Kleinasien und im Mittelmeergebiet, angebaut auf milden Standorten in Europa und Amerika. Der krugförmige Fruchtstand ist fleischig und eßbar, milde abführend wirkend. Höhe bis 9 m, meist buschig, auch baumförmig. Zweihäusig, Blüten auf der Innenseite des krugförmigen Blütenstandes mit enger Öffnung (rechts); die fleischige Frucht ist die bekannte Feige. Die weiblichen Blüten werden von winzigen Feigenwespen befruchtet, die durch das enge Mundstück in den Hohlraum gelangen. Die Frucht (rechts außen) ist fleischig und grün, purpurrot oder braun. Zuchtsorten können mehrere Ernten in einem Jahr liefern; an kühlen Standorten Blüte im Mai und Reife im Oktober. Die Blätter (S. 44) sind drei- bis fünflappig und grob gezähnt.

118

Patagonische Zypresse

Fitzroya cupressoides; Familie Cupressaceae
Immergrüner Nadelbaum, heimisch in Chile
und Argentinien, genannt nach Kapitän
Robert Fitzroy, Kommandant der „Beagle"
auf der berühmten fünfjährigen Reise,
an der Charles Darwin teilnahm. Wertvoller
Nutzholzbaum, angebaut in Arboreten,
Gärten, Parks und Forsten. Höhe bis 50 m,
in Parks oft breitkronig und buschig
ausladend (s. Zeichnung). Blüht im April,
weibliche Blüten (links außen, oben) 0,5 cm
breit, männliche Blüten gelb, etwa 0,2 cm
lang. Zapfen (links) etwa 0,8 cm breit,
zuerst grün, später braun, Samenfall im
Herbst, Zapfen bleiben den Winter über
am Baum. Die Benadelung (S. 11) besteht
aus dreizähligen Blattquirlen, Nadeln
stumpfspitzig, lanzettlich, 6–8 mm lang,
auf der Ober- und Unterseite je 2 weiße
Stomatastreifen. Die Borke ist
dunkelrotbraun, die Rinde glatt und grau.

Fraxinus, **Esche;** Familie Oleaceae
Sommergrüne Bäume. Blüten gewöhnlich
ohne Korolle, ein- oder zweigeschlechtlich.
Ein- oder zweihäusig. Fiederblätter je nach
Art mit 3–11 Blättchen. Früchte einflügelig.

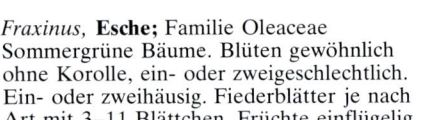

Weißesche

Fraxinus americana
Heimisch in den östlichen USA. Als
Zierbaum in Amerika und Europa angebaut.
Höhe bis 35 m. Zweihäusig, blüht im Mai.
Die männlichen Blüten sind rechts
dargestellt. Die weiblichen Blüten haben
keine Kronblätter, in lockeren Büscheln.
Frucht 2,5–6,5 cm lang und 0,6 cm breit,
Staubbeutel mit zugespitzten Enden in
dichten, purpurfarbenen Quasten. Blätter
(S. 53) aus 5–9, meist 7 Fiederblättchen,
Herbstfärbung gelb. Borke (rechts außen)
dick, bräunlich-grau, bei alten Bäumen
tief gefurcht.

Schmalblättrige Esche

Fraxinus angustifolia
Heimisch im westlichen Mittelmeer und
Nordafrika, in Arboreten und Gärten
angebaut. Höhe bis 18–25 m. Blüht im
Mai; die weiblichen Blüten sind rechts
abgebildet; die männlichen Blüten bilden
dichte Büschel. Die Frucht ist 2,5–3 cm
lang, reift im September. Blatt (S. 55) mit
7–13 schmalen, haarlosen Fiederblättchen.
Borke (rechts außen) dunkelgrau, tief
eingeschnitten und harzig. Von den
ähnlichen schmalblättrigen Formen der
Gemeinen Esche leicht an den braunen
Winterknospen zu unterscheiden.

Gemeine Esche

Fraxinus excelsior
Heimisch in Europa, bedeutender
Nutzholzbaum für die Herstellung von
Sportgeräten. Höhe 30 bis über 40 m.
Blüht im April, einhäusig, Blüten
eingeschlechtlich, aber auch zweihäusig
oder zwitterig. Die männlichen Blütenstände
(rechts) sind purpurrot, während des
Pollenflugs gelb. Die weiblichen Blüten
sind hellgrün, Blütenstände locker. Frucht
(rechts außen) mit 4 cm langen Flügeln,
schwach gekerbter Spitze und einem
winzigen Dorn. Reifen braun im Oktober
und fallen im Laufe des Winters ab. Blatt
(S. 55) mit 9–11 Fiederblättchen,
Herbstfärbung gelb. Winterknospen (rechts)
schwarz.

Einblättrige Esche

F. excelsior f. *diversifolia*
Fiederblatt mit meist nur einem Blättchen
(S. 33), gelegentlich auch 3 Blättchen, sonst
wie die typische Form.

Hängeesche

F. excelsior 'Pendula'
Herabhängende Zweige, sonst wie die
Gemeine Esche.

Oregonesche

Fraxinus latifolia
Heimisch in den westlichen USA, wertvoller
Nutzholzbaum. Höhe bis 23 m. Blüte im
April, zweihäusig, Blüten rechts abgebildet.
Frucht (rechts außen) etwa 2,5–5 cm lang.
Blätter (S. 53) mit 5–9 ziemlich breiten
Fiederblättchen, teilweise ungestielt. Rinde
dunkelgrau, gelegentlich rötlich, breite
schuppige Rücken.

Blumenesche

Fraxinus ornus
Heimisch im südlichen Europa und in
Kleinasien, als Zierbaum weit verbreitet.
Der Stamm scheidet einen süßen Saft,
das sogenannte Manna, aus, das als mildes
Abführmittel verwendet wird. Höhe
15–20 m. Blüht im Mai. Blüten (rechts)
mit auffälligen Kronblättern in dichten
Büscheln etwa 7,5–10 cm breit. Frucht
(rechts außen) ist schmal, etwa 2,5 cm
lang. Blatt (S. 53) mit 5–9 gezähnten
Fiederblättchen, sehr variabel in Größe
und Form.

Amerikanische Esche

Fraxinus pennsylvanica
Heimisch im östlichen und mittleren
Nordamerika, gelegentlich versuchsweise
mit Erfolg auf Schwemmland und in
Flußauen angebaut. Höhe bis 20 m.
Zweihäusig, blüht im April bei
Laubausbruch, männliche und weibliche
Blüten sind rechts abgebildet. Frucht 3–6 cm
lang, 5–8 mm breit, zungenförmig mit
abgerundeter Spitze und im Querschnitt
rundem Samenkorn. Blätter (S. 53) bis
30 cm lang, 7–9 gestielte Fiederblättchen,
Stielchen 3–6 mm lang, gefurcht und
behaart. Die Borke (rechts außen) hat
schuppige, ausgeprägte Rücken, Farbe
Rötlich-Braun.

Arizona-Esche

Fraxinus velutina
Heimisch im Halbwüstenklima der
südwestlichen USA und in Mexiko. Höhe
bis 15 m. Blüht im April, zweihäusig,
männliche und weibliche Blüten (rechts)
in behaarten, dichten, 10 cm langen Rispen
an vorjährigen Trieben. Frucht (rechts
außen) 1–2 cm lang, 6 mm breit, an der
Spitze eingebuchtet. Blätter (S. 53) nur
15 cm lang, 5, selten 3 oder 7,
Fiederblättchen sitzend oder nur kurz
gestielt, oberseits kahl, unterseits behaart.
Borke dunkelgrau mit breitem Rücken,
schuppig abbrechend. Jungtriebe
grau-gelblich samtig behaart.

**Ginkgobaum
Fächerblattbaum**

Ginkgo biloba;
Familie Ginkgoaceae
Die einzige Art der Klasse Ginkgoate.
Heimisch in China, heiliger Baum in
Tempelgärten. In Ländern des gemäßigten
Klimas in Gärten, Parks und als
Straßenbaum weit verbreitet angebaut.
Sommergrüner Baum, Höhe bis 30 m.
Zweihäusig, blüht im März, männliche
Blüten (links außen) 2,5–3,7 cm lang;
weibliche Blüten klein und unscheinbar,
gestielt an mehrjährigen Kurztrieben, reift
zu einer Frucht mit eßbarem Kern (links),
der unangenehm stark nach Buttersäure
riecht. Daher werden meist nur männliche
Bäume in Gärten und an Straßen angebaut.
Die blattförmigen Nadel (S. 43 und links)
sind fächerförmig und mehr oder weniger
tief in der Mitte gelappt, erst grün, im
Herbst gelb. Die Rinde ist braun und korkig,
an alten Bäumen rissig und spannrückig
(S. 217).

Christusdorn
Lederhülsenbaum

Gleditsia triacanthos; Familie Leguminosae
Sommergrüner Baum, heimisch im
Mississippital. Angebaut als Zierbaum
im südlichen Europa. Höhe 30–45 m. Blüht
im Juni, einhäusig, männliche Blüten (rechts)
in 5 cm langen Ähren gebüschelt, 3–5
gleich große Blumenblätter. Die weiblichen
Blüten stehen in lockeren, einfachen, 5–7 cm
langen Ähren zusammen. Fruchtschote
(rechts außen) 25–45 cm lang, flach, viel-
samig, säbelförmig gebogen und bei Reife
im Oktober gedreht und braunrot, Samen
in honigartige Masse eingebettet. Blätter
(S. 56) einfach oder doppelt gefiedert, Herbstfärbung gelb. Dornen aus Knospen auswach-
send, scharf und oft auch mehrspitzig, an
Zweigen, Ästen und Stamm. Rinde (S. 217)
dunkelbraun, schuppig-längsrissig, mit langen
Dornen.

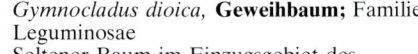

Gymnocladus dioica, **Geweihbaum;** Familie
Leguminosae
Seltener Baum im Einzugsgebiet des
Mississippi und in den östlichen USA,
verbreitet als Zierbaum in Gärten und
Parks angebaut, Samen als Kaffee-Ersatz
verwendbar. Höhe bis 33 m. Blüht im Juni,
zweihäusig, röhrenförmiger Kelch, 5 gleich
große Blütenblätter, Blüten in endständigen
Rispen. Blätter (S. 59) doppelt gefiedert.

Silberglocke

Halesia monticola;
Familie Styracaceae
Heimisch in den südlichen Appalachen,
verbreitet als Zierbaum in Gärten und
Parks angebaut. Höhe bis 30 m. Blüht
schon früh in der Jugend und sehr reichlich
im Mai, Blüten (links außen) zu 3–5 in
hängenden Büscheln. Frucht (links) 4–5 cm
lange Steinfrucht mit Längsflügeln. Blätter
(S. 26) anfangs filzig behaart, später
unterseits an den Nerven behaart.

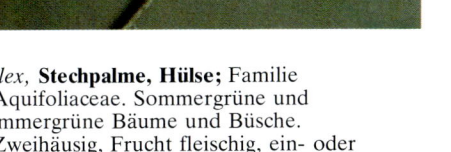

Ilex, **Stechpalme, Hülse;** Familie
Aquifoliaceae. Sommergrüne und
immergrüne Bäume und Büsche.
Zweihäusig, Frucht fleischig, ein- oder
mehrsamig, giftig.

Stechpalmenhybriden

Ilex x *altaclarensis*
Eine Gruppe immergrüner Hybriden
zwischen der Gemeinen Stechpalme
(*I. aquifolium*) und der Kanarischen
Stechpalme (*I. perado*). Die verschiedenen
Sorten unterscheiden sich von der Gemeinen
Stechpalme meist durch größere, weniger
dornspitzige Blätter und größere Blüten
und Früchte. Höhe bis 15 m.
Ilex x *altaclarensis* 'Camelliifolia'
Ein weiblicher Klon, blüht im Mai, Blüte
(rechts) in wirteligen Büscheln, Früchte
(rechts außen) etwa 1 cm groß, reifen rot
im November. Jungtriebe, Blattstiele und
Blütenblattbasen rötlich gefärbt. Blätter
(S. 36) bis 13 cm lang, gelegentlich mit
wenigen kurzen Dornspitzen.

Ilex x *altaclarensis* 'Golden King'
Weiblicher Klon, Blüte und Frucht (rechts)
wie vor. Blätter (S. 36 und rechts) glattrandig
und entlang dem Rand gelb panaschiert,
gelegentlich ganz gelb gefärbt.

Ilex x *altaclarensis* 'Hendersonii'
Weiblicher Klon, Blüten wie vorige, Früchte
(rechts außen) wenig zahlreich, reifen im
Dezember. Blätter (S. 36 und rechts außen)
breit, stumpf-grün, wenige Dornspitzen.
Jungtriebe gewöhnlich grün.

Ilex x *altaclarensis* 'Hodginsii'
Ein männlicher Klon, männliche Blüten
(rechts) im Mai, rötlich-weiß, 1,2 cm breit.
Blätter (S. 36 und rechts) ähnlich
'Hendersonii', aber mehr glänzend.
Jungtriebe rötlich gefärbt. Sehr
unempfindlich gegen Luftverschmutzung
und daher häufig in Industriegebieten
angepflanzt.

Ilex x *altaclarensis* 'Wilsonii'
Ein weiblicher Klon, blüht im Mai, Früchte
(rechts außen) etwa 1 cm große Beeren,
reifen im November. Blätter (S. 36) glänzend
grün mit 4–10 Dornspitzen an jeder Seite,
Spitzen und Blattrand durchsichtig gelblich.

**Gemeine Stechpalme
Hülse**

Ilex aquifolium
Immergrüner Busch oder Baum, heimisch
in Westasien und Europa, verbreitet im
gemäßigten Klima als Zier- und
Schutzpflanze angebaut. Holz gelegentlich
für Drechsler- und Einlegearbeiten
verwendet. Die dekorativen Zweige mit
den roten Beeren werden als
Weihnachtsdekoration verwendet. Höhe
bis 25 m. Blüten (rechts oben männlich,
unten weiblich) unscheinbar cremefarben,
reifen im November zu roten, viersamigen
Beeren (rechts außen). Blätter (S. 36 und
rechts) glänzend, gewellt und
scharf-dornspitzig, an alten Bäumen auch
fast glattrandig. Rinde (S. 217) glatt, grau
mit dunkleren Flecken. Die natürliche
genetische Streubreite der Art wurde genutzt, um eine Vielzahl von Sorten zu
erzeugen (s. die folgenden drei
Beschreibungen).

Ilex aquifolium 'Argentea Marginata'
Ein weiblicher Klon, Blüten ähnlich der
Gemeinen Stechpalme, Beeren (rechts)
etwa 0,8 cm breit, reifen im November.
Blätter (S. 36 und rechts) grün mit
cremig-weißem Rand.

Ilex aquifolium 'Aurea Marginata'
Ähnlich 'Argentea Marginata', aber mit
schmalem, gelbem Blattrand. Dieses
unterscheidende Merkmal ist deutlich in
der Abbildung (S. 36) zu erkennen. Die
Beerenfrucht (rechts außen) ist etwa 0,8 cm
groß und reift im November.

Ilex aquifolium 'Bacciflava'
Wie der Sortenname sagt, eine gelbfrüchtige
(rechts außen) Kultursorte, deren Blätter
und Blüten (rechts) sich von denen der
Gemeinen Stechpalme unterscheiden.

Igelstechpalme

Ilex aquifolium 'Ferox'
Ein männlicher Klon ohne Fruchtbildung,
Blätter am Rand und oberseits dornspitzig,
daher auch der Name „Ferox" = wild,
unbändig. Die Blätter sind kleiner, etwa
3–4 cm lang, als bei der Gemeinen
Stechpalme. Sie sind rechts und auf Seite
36 abgebildet.

Ilex aquifolium 'Recurva'
Ein männlicher Klon, Blüten gelblicher
als bei der vorigen Sorte (rechts außen).
Blätter (S. 36) 3–5 cm groß und nach unten
gebogen, daher der Sortenname 'Recurva'.

Himalaja-Stechpalme

Ilex dipyrena
Immergrüner Baum, heimisch im östlichen
Himalaja bis Yünnan, selten als Zierstrauch
oder Baum in Gärten, Parks und Arboreten.
Höhe bis 12 m. Blüte (männliche Blüte
rechts) in engstehenden Büscheln in den
Blattachseln. Frucht (rechts außen) etwa
1 cm breit, einzeln oder in kleinen Gruppen.
Blätter (S. 36) stumpf-grün, nur selten
und an jungen Exemplaren dornspitzig.

Amerikanische Stechpalme

Ilex opaca
Immergrüner Baum, heimisch in den
mittleren und östlichen USA, viele
Kultursorten und Hybriden. Holz und
Zweige in Amerika für die gleichen Zwecke
verwendet wie die der Gemeinen Stechpalme
in Europa. Höhe bis 15 m. Blüht im Juni,
zweihäusig, Blüten unscheinbar (rechts).
Beeren (rechts außen) 0,6 cm breit, reifen
im November und überwintern am Baum.
Blätter (S. 36) stumpf-grün, dornspitzig,
im Wipfel alter Bäume auch glattrandig.

Pernys Stechpalme

Ilex pernyi
Immergrüner Baum, heimisch im westlichen
und mittleren China, selten in der Natur
und in Gärten und Arboreten. Höhe
10–17 m. Blüht im Juni, Blüten (rechts)
unscheinbar gelblich, 0,3–0,6 cm breit.
Frucht (rechts außen) 0,6 cm breit, ohne
Stiel aufsitzend, reift im November. Blätter
(S. 36) 1,2–5 cm lang und charakteristisch
drei- bis fünflappig und dornspitzig.

Juglans, **Walnuß;** Familie Juglandaceae
Sommergrüne Bäume, fiederblättrig, das
Mark der Zweige ist gekammert (vgl. *Carya,*
S. 94–95, mit nicht gekammertem Mark).

Juglans ailantifolia, **Japanische Walnuß**
Höhe bis 15 m. Männliche Kätzchen bis
30 cm lang, Frucht 5 cm groß. Blätter (S. 57)
mit 11–17 Blättchen, unterseits silbrig.
Borke (S. 218) hellgrau rissig.

Juglans cinerea, **Amerikanische Walnuß**
Heimisch im östlichen Nordamerika, Höhe
bis 30 m. Männliche Kätzchen bis 10 cm
lang; Frucht 3–6 cm groß. Blätter (S. 58)
mit 7–19 Blättchen, anfangs oberseits haarig.

Schwarznuß
Juglans nigra
Heimisch in Nordamerika im Mississippi-
und Ohiotal, als Zier- und Waldbaum in
Amerika und Europa angebaut. Höhe
30–40 m, breitkronig. Blüte im Mai bis
Juni, männliche Kätzchen bis 10 cm lang
(oben, links außen), weibliche Blüten zu
2–5 am Ende von Jungtrieben. Frucht
(links oben), 3–5 cm lange Nuß, reift im
Oktober. Blätter (S. 58) groß, 11–23 mehr
oder weniger wechselständige
Fiederblättchen, Endblättchen klein oder
fehlend. Rinde (S. 218) dunkelbraun,
unregelmäßig rissig.

Gemeine Walnuß

Juglans regia
Ursprung unbekannt, heute von China
bis Westeuropa in Wäldern, Parks und
Gärten verbreitet. Hochwertiges Nutzholz,
Frucht eßbar. Höhe 30–40 m,
Stammdurchmesser 5 m. Blüht im Juni,
männliche Kätzchen bis 10 cm lang,
weibliche Blüte endständig, unscheinbar
(links außen); Frucht (links) 3–5 cm, reift
im Oktober und platzt am Baum auf. Blätter
(S. 54) mit 5–7 Blättchen, gelegentlich
mehr. Jungtriebe glatt. Rinde glatt, grau
mit tiefen Rissen.

Juniperus, **Wacholder;** Familie Cupressaceae
Immergrüne busch- oder baumartige
Koniferen. Jugendnadeln nadelartig, paarig
oder dreiwirtelig; reife Nadeln schuppenartig
dem Zweig anliegend, beide Formen bei
manchen Arten am selben Baum. Blüten
ein-, vielfach zweihäusig. Beerenzapfen
bei der Reife fleischig, meist aus 3 oder
6 Schuppen gebildet. Nadeln und Früchte
aromatisch.

Chinesischer Wacholder

Juniperus chinensis
Heimisch in China, Japan, Korea und
Mongolei, winterhart und in mehreren
Wuchsformen in Gärten und Parks angebaut.
Höhe bis 25 m, oft buschig. Blüte im März,
männliche (rechts) und weibliche Blüten
gewöhnlich auf getrennten Bäumen,
Beerenzapfen (rechts außen) 0,8–1 cm
groß. Jugend- und Altersnadeln (S. 12)
auf demselben Baum, gewöhnlich
dreiwirtelig.

Gemeiner Wacholder
Machandel
Kranewit

Juniperus communis
Verbreitet in Europa, Nordafrika, Nordasien und Nordamerika. Beerenzapfen als Gewürz, Heilmittel und Räucherwerk, Holz für Drechsler- und Schnitzwaren verwendet. Gewöhnlich ein säulenförmiger, sehr dichter Strauch, gelegentlich baumförmig bis 10 m hoch oder niedrig breit-buschig. Blüht im März, die unscheinbare Blüte (rechts) grün, reift ab 2. Jahr zu einem schwarzen Beerenzapfen mit blauer Bereifung. Nadeln (S. 12) dreiquirlig, stachelspitzig, ein weißer Längsstreifen oberseits, unterseits gekielt. Aufgrund der weltweiten Verbreitung viele Varietäten, die sich in der Wuchsform unterscheiden.

Syrischer Wacholder

Juniperus drupacea
Heimisch in den Gebirgen Syriens, Griechenlands und Kleinasiens. Höhe 9–15 m. Blüht im März, männliche Blüten (rechts) in kleinen, gelben Büscheln. Beerenzapfen 2,5 cm groß, dunkelbraun bis blauschwarz. Nadeln (S. 12) 1,2–2,5 cm lang, scharfspitzig, leuchtendgrün, oberseits zwei weiße Längsstreifen.

Mexikanischer Wacholder

Juniperus flaccida
Heimisch in Mexiko und Texas, gelegentlich in Gärten und Arboreten in Europa anzutreffen. Höhe bis 9 m, lange, hängende Zweige. Männliche Blüten (rechts außen) im März; Beerenzapfen rotbraun, 1,2 cm groß. Blätter (S. 12) nadelartig und schuppenartig (s. auch rechts außen).

Kirschwacholder

Juniperus monosperma
Heimisch in den südwestlichen USA, gelegentlich als Zierpflanze angebaut. Höhe 9–15 m. Blüht im März (weibliche Blüten rechts). Frucht (rechts außen) reift blaugrau, 0,6 cm groß, einsamig. Benadelung (S. 12) nadelartig und schuppenartig, die scharfspitzigen Jugendnadeln fehlen gelegentlich bei alten Exemplaren.

Himalaja-Wacholder

Juniperus recurva
Heimisch in China, Burma, Himalaja, in
Gärten, Parks und Arboreten angebaut.
Höhe 9–12 m. Blüht im März, Blüten
einhäusig (männlich rechts oben, weiblich
rechts unten). Beerenzapfen (rechts außen)
oval, reifen dunkelblau-rot im 2. Jahr.
Blätter (S. 12) nadelartig, nach innen
gebogen, bläulich-grün, vor dem Abfallen
bräunlich vergilbend.

Tempelwacholder
Stechwacholder

Juniperus rigida
Heimisch in den Gebirgen Japans, winterhart
und gelegentlich in Gärten und Parks
angebaut. Höhe 6–12 m. Blüht im März,
Blüten zweihäusig (rechts oben männlich,
unten weiblich). Beerenzapfen (rechts
außen) zuerst grün, dann braun, im 2. Jahr
schließlich dunkelblau-schwarz. Blätter
(S. 12) stets nadelartig, dreiquirlig.
Scharfspitzige Nadeln mit weißem
Längsstreifen an der Innenseite.

Bleistiftzeder
Virginia-Sadebaum

Juniperus virginiana
Heimisch im östlichen Nordamerika von
der Hudsonbai bis nach Florida, angebaut
in Gärten, Parks und Wäldern in Amerika,
Europa und Asien. Aromatisches,
hochwertiges Nutzholz. Höhe bis 30 m,
schmalkronig. Blüht im März, ein- oder
zweihäusig, männliche Blüten (rechts unten)
rund und gelb, weibliche klein und grün
(rechts oben). Beerenzapfen 0,3–0,6 cm
groß, aufrecht, braun-violett, bereift.
Benadelung sehr verschieden, Jugend-
und Altersnadeln am selben Baum
(S. 12 und rechts); Nadeln 3–8 mm lang,
dreiquirlig oder gegenständig zugespitzte
Schuppen. Ein Beispiel der zahlreichen
Kultursorten ist 'Glauca' mit bläulich-grüner
Benadelung (rechts außen).

Rizinusbaum

Kalopanax pictus; Familie Araliaceae
Heimisch in Ostasien, ahornähnlich, aber
Blätter wechselständig und die Zweige
mit kräftigen Dornen besetzt. Höhe bis
30 m, angebaut oft kleiner und buschartig.
Blüht im August bis September, Blüten
klein, weiß, in zusammengesetzten Dolden
bis 60 cm Durchmesser. Frucht (links außen)
0,5 cm groß, reift schwarz und fällt im
Dezember ab. Die fünf- oder siebenlappigen
Blätter sind bis 25 cm groß, oberseits glatt
und dunkelgrün, unterseits in der Jugend
filzig (links außen). Borke (links) dunkelgrau
und tiefrissig, oft mit Warzen und Dornen
besetzt.
K. pictus var. *maximowiczii* stammt aus
Japan und wird oft mit der typischen Form
verwechselt, hat aber tiefer gelappte Blätter
(S. 44).

Blasenbaum

Koelreuteria paniculata; Familie Sapindaceae
Sommergrüner Baum, heimisch im mittleren
und nördlichen China, Korea und Japan,
als Zierbaum in Gärten und Arboreten,
in China auch auf Friedhöfen angebaut.
Höhe 9–20 m. Blüht im August, Blüten
(rechts) in bis 30 cm langen Rispen, die
kurzgestielten, gelben Blüten 1,2 cm groß.
Früchte (rechts außen) sehr auffällig,
dreifächerige zugespitzte, aufgeblasene
Kapseln, 3–5 cm lang, erst grün, dann
rot, Same erbsengroß, kugelig, dunkelbraun
bis schwarz. Blätter (S. 57) gefiedert mit
9–15 wechselständigen Blättchen,
Herbstfärbung gelb, schöner Kontrast zur
roten Frucht.

Adams Goldregen

+ *Laburnocytisus adamii;* Familie
Leguminosae
Ein künstlich erzeugter Pfropfbastard
(Chimäre), Unterlage ist der Gemeine
Goldregen *(Laburnum anagyroides),*
Pfröpfling des Roten Zwergginsters *(Cytisus
purpureus).* Blüten einer gelbroten
Zwischenform werden gleichzeitig mit Blüten
beider Elternarten gebildet (links). Die
Blüten des Zwergginstertyps erscheinen
an Zweigen mit Zwergginsterbelaubung.
Höhe bis 8 m, als Kuriosität in Gärten
und Arboreten angebaut, außerhalb der
Blütezeit wegen der auswuchernden
Wuchsform nicht attraktiv. Die Blätter
sind auf S. 50 abgebildet.

Laburnum, **Goldregen;** Familie Leguminosae
Eine kleine Gattung sommergrüner Bäume
und Sträucher. Fiederblätter mit 3 Blättchen,
Schmetterlingsblüten in großen Rispen.
Frucht eine Schote mit giftigen Samen,
die für den Menschen tödlich sein können.
Das Holz kann als Ersatz für Ebenholz
verwendet werden.

Alpengoldregen

Laburnum alpinum
Kleiner, sommergrüner Baum, heimisch
in Süd- und Südosteuropa, seit dem
Mittelalter in Gärten angebaut. Höhe bis
6 m. Blüht im Juni, Blüten (rechts) in
großen, kompakten Blütenständen,
Einzelblüten 1,8 cm lang, auf haarlosem
Stiel. Schoten etwa 5–8 cm lang. Blätter
(S. 50) sind weniger behaart als beim
Gemeinen Goldregen.

Gemeiner Goldregen

Laburnum anagyroides
Heimisch im mittleren und südlichen
Europa, verbreitet als Zierbaum angebaut
und vielfach verwildert. Höhe bis 10 m.
Blüht im Mai, Blüte (rechts oben) etwa
2,5 cm lang. Schoten (rechts) 5–8 cm lang,
ähnlich denen des Alpengoldregens, aber
mit verdicktem Rand. Blätter (S. 50) sind
unterseits stärker behaart.

Voss-Goldregen

Laburnum x *watereri* 'Vossii'
Eine Hybride zwischen den beiden oben
beschriebenen Arten. Blüht im Juni, Blüten
(rechts außen) 2,5 cm lang, in langen,
dichten Blütenständen. Blätter (S. 50) dicker
als beim Gemeinen Goldregen. Schoten
werden nur vereinzelt gebildet.

Larix, **Lärche;** Familie Pinaceae
Sommergrüne Nadelbäume, Nadeln weich,
nicht stechend, einzeln am Langtrieb und
zahlreich am Kurztrieb. Einhäusig, weibliche
und männliche Blüten getrennt an
Kurztrieben.

Europäische Lärche

Larix decidua
Heimisch in allen Höhenlagen bis zur
Baumgrenze in den Alpen, Karpaten und
Sudeten, durch forstlichen Anbau im ganzen
nördlichen Europa verbreitet. Höhe je
nach Standort 30–55 m. Blüht März bis
April, männliche Blüten gelb, weibliche
erst rot und 0,5 cm lang (links außen).
Die Zapfen (links) reifen von Grün zu
Braun, 2–4 cm lang, 2 cm breit. Schuppen
am Rand leicht gewellt. Die Nadeln (S. 23)
werden im Herbst goldgelb. Die Rinde
(S. 218) ist grau oder rötlich-grau bis
rotbraun, feinrissig, schuppig bis, bei alten
Bäumen, tief gefurcht, gerbstoffreich.

Hybridlärche

Larix x *eurolepis*
Eine Hybride zwischen Europäischer Lärche
(*L. decidua*) und Japanischer Lärche
(*L. kaempferi*), zuerst entstanden in
Dunkeld, Schottland, gegen Ende des
19. Jahrhunderts, heute durch forstlichen
Anbau verbreitet in ganz Europa und
versuchsweise angebaut in Nordamerika.
Merkmale variabel, aber immer zwischen
den beiden Eltern stehend. Höhe bis über
30 m. Blüht im März (links außen), Farbe
der weiblichen Blüten von Purpurrot bis
Rötlich-Hellgelb. Zapfen (links) 3–4 cm
lang, ähnlich denen der Europäischen
Lärche, Samenschuppen am Rand leicht
zurückgebogen. Nadeln bläulich-grün (S. 23)
an gelbroten Zweigen. Die Rinde ist
dunkelbraun und schuppig.

Dahurische Lärche

Larix gmelinii
Heimisch in Ostsibirien, Amurgebiet und
Sacchalin, angebaut in Arboreten: Höhe
30–50 m. Blüht im frühen März; männliche
Blüten (links außen, unten) gelblich,
weibliche Blüten (links außen, oben)
rötlich-grün, 0,5–1 cm lang, reifen zu
rotbraunen bis braunen Zapfen mit
aufklaffenden Samenschuppen (links),
2,5 cm lang. Nadeln (S. 23) schwach
sichelförmig gebogen, unterseits gekielt.
Rinde dunkelrötlich-braun, in langen
Schuppen abschilfernd.

Japanische Lärche

Larix kaempferi
Heimisch in Japan, vor allem in Hondo,
durch forstlichen Anbau weit verbreitet,
auch in Europa. Höhe bis 30 m, breitkronig
mit waagerecht abstehenden Ästen. Blüht
im März, männliche Blüten gelblich,
weibliche Blüten cremig rötlich-grün (links
außen). Zapfen (links) 1,5–3,5 cm lang,
kürzer und breiter als bei *L. decidua,* die
Samenschuppen stärker zurückgebogen,
rosettig. Nadeln (S. 23) bläulich-grün, 40
und mehr am Kurztrieb (30–40 bei
L. decidua). Triebe rotbraun (graugelb
bei *L. decidua*). Borke dunkelrot-braun,
rissig und schuppig.

Ostamerikanische Lärche
Tamarack

Larix laricina
Heimisch im östlichen Nordamerika von
Virginia bis Kanada, Alaska. Angebaut
in Forsten, Parks und Arboreten. Höhe
18–25 m. Blüht im März, Blüten (links
außen) sehr klein, weibliche Blüten
dunkelrot, männliche Blüten gelb. Zapfen
(links) etwa 1,5 cm lang mit nur 10
Schuppen. 12–30 Nadeln am Kurztrieb
(S. 23), hellgrün, 2–3 cm lang, Herbstfärbung
goldgelb. Borke rötlich-braun und schuppig.

Westamerikanische Lärche

Larix occidentalis
Heimisch im westlichen Nordamerika von
Britisch-Kolumbien bis Montana. Das Holz
ist sehr geschätzt, der Zuwachs jedoch
gering. Forstlich angebaut in Nordamerika,
sonst in Arboreten und Parks. Höhe
30–70 m, Durchmesser bis 2 m,
schlankwüchsig mit langer, schmaler Krone.
Blüht im März, männliche Blüten gelb,
die weiblichen rot und grün (links außen).
Zapfen (links) 2,5–3,7 cm, die lanzettlichen
Deckschuppen weit über die Samenschuppen
hervorragend. Nach dem Samenflug biegen
sich die Samenschuppen zurück (links
unten), und die Zapfen fallen ab. 15–40
Nadeln am Kurztrieb (S. 23), Nadeln
dreikantig, Herbstfärbung goldgelb ab
September. Rinde dunkelgrau-braun,
feinrissig und schuppig.

Tibetanische Lärche

Larix potaninii
Heimisch im westlichen China und in Tibet,
angebaut in Arboreten. Höhe 18–21 m.
Blüht im März, männliche Blüten zuerst
grün (links außen), dann gelb, weibliche
rötlich und grün. Zapfen (links) etwa 5 cm
lang mit glänzenden braunen
Samenschuppen und langen Deckschuppen,
die ungefähr 0,5 cm herausragen. Die
Benadelung (S. 23) der ziemlich gedrungenen
Zweige bestehen aus fast vierkantigen
Nadeln, die beim Zerreiben stark riechen.
Die Rinde ist dunkelrötlich-grau mit
schuppigen Rissen.

Lorbeerbaum

Laurus nobilis; Familie Lauraceae
Immergrüner Baum oder Busch, heimisch
im Mittelmeergebiet. Seit dem Altertum
kultiviert, die aromatischen Blätter werden
als Gewürz, im Altertum auch zur
Herstellung von Ehrenkränzen verwendet.
Der dekorative Baum wird in Gärten und
in Gebäuden als Zierbaum verwendet.
Höhe 12–18 m, oft jedoch buschig, in
Gärten und als Kübelpflanze oft durch
Rückschneiden künstlich geformt.
Zweihäusig, Blüte im Juni. Männliche und
weibliche Blüten etwa 0,5 cm lang. Die
weiblichen Blüten sind rechts abgebildet.
Die Frucht (rechts außen) ist etwa 1,2 cm
lang und reift schwarz. Blätter (S. 32)
dunkelgrün, ledrig, stark aromatisch.

Libocedrus chilensis siehe *Austrocedrus chilensis* (S. 88).

Libocedrus decurrens siehe *Calocedrus decurrens* (S. 92).

Rainweide
Liguster

Ligustrum lucidum; Familie Oleaceae
Ein immergrüner Baum oder Busch,
heimisch in China, als Zier- und
Schattenbaum angebaut, auch in
europäischen Städten. Höhe bis etwa 15 m,
weniger als Busch. Blüten (links außen)
blühen im August bis September, wenn
wenige andere Bäume blühen. Frucht reift
zu einer schwarzen, ovalen Beere, 1,2 cm
lang. Blätter (S. 32) sind dunkelgrün und
oberseits stark glänzend. Rinde (links)
dunkelgrau, glatt bis feinrissig und streifig.

Liquidambar orientalis, **Orientalischer
Amberbaum;** Familie Hamamelidaceae
Sommergrüner Baum, heimisch in
Kleinasien. Höhe bis 30 m. Blätter (S. 44)
haarlos, Blattspitze und die Spitzen der
Lappen stärker abgerundet und die Blätter
schärfer eingeschnitten als bei *L. styraciflua.*

Amberbaum

Liquidambar styraciflua L.
Sommergrün, heimisch in den östlichen
und südlichen USA bis Zentralamerika.
Höhe bis 45 m. Blüht im Mai, männliche
Blüten in grünen, endständigen, aufrechten,
5–7 cm langen Träubchen (rechts), weibliche
Blüten in langgestielten, hängenden Köpfen,
1,2 cm breit, Frucht (rechts außen) etwa
2,5–3,5 cm breite Köpfchen von
Kapselfrüchten mit geflügelten Samen.
Blätter (S. 44) 5- bis 7lappig, feingezähnt,
anfangs filzig behaart, dann oberseits
dunkelgrün, unterseits mattgrün.

Liriodendron chinense, **Chinesischer Tulpenbaum;** Familie Magnoliaceae Sommergrüner Baum der Gebirge in China. Ähnlich, aber im Wuchs und in den Blüten kleiner als *L. tulipifera,* Blätter (S. 43) schmaler.

Tulpenbaum

Liriodendron tulipifera
Sommergrüner Baum, heimisch im östlichen Nordamerika, verbreitet als Zierbaum und in Forsten angebaut, auch in Europa. Höhe 45–60 m. Blüht im Juni bis Juli, Blüten (links außen) endständig, Kelchblätter bald abfallend, Kronblätter tulpenähnlich. Fruchtstand (links) aus Flügelnüssen zusammengesetzt, zuerst grün, dann braun reifend und im Herbst bis Winter von der Zapfenspitze abfallend. Blätter (S. 43) vierlappig, im Herbst orange und gelb (links und S. 188).

Gerbrindeneiche

Lithocarpus densiflorus; Familie Fagaceae Immergrüner Baum, heimisch in Kalifornien und Oregon, liefert Gerbrinde. Höhe 20–40 m. Unregelmäßig im April oder Mai und September blühend. Männliche Blüten (rechts) in 7,5–10 cm langen Kätzchen. Weibliche Blüten unterhalb der männlichen Kätzchen, Eicheln im ersten Jahr grün, im zweiten Jahr braun, 1,5–2,5 cm lang (rechts außen). Blätter (S. 26) mit 12–14 Nervenpaaren, rotgelb filzig in der Jugend, glatt und glänzend im Alter. Junge Triebe ebenfalls rotbraun filzig. Die Borke ist dick-korkig und tief gefurcht.

Osage-Orangenbaum

Maclura pomifera; Familie Moraceae Sommergrüner Baum, heimisch in den südlichen und mittleren USA. Die Rinde liefert Gerbstoff und gelbes Färbemittel, aus dem Holz stellten die Osage-Indianer ihre berühmten Waffen her. Als Zier- und Heckenbaum in den USA und selten in Europa angebaut. Höhe bis 12 m. Zweihäusig, blüht im Juni, männliche Blüten (links außen) 1,5–2,5 cm breit, weibliche Blüten gleich groß, grün, aber auf längerem Stiel. Frucht (links) 7,5–12,5 cm groß, erst grün, dann gelb, im November abfallend. Die Pflanze führt Milchsaft. Die Blätter sind auf S. 35 abgebildet. Rinde orangefarben.

134

Magnolia, **Magnolie;** Familie Magnoliaceae
Sommergrüne und immergrüne Bäume
und Büsche, große, auffällige Zwitterblüten.
Blätter einfach, glattrandig und
wechselständig. Rinde meist sehr aromatisch.
Benannt nach Pierre Magnol, Professor
der Botanik und Medizin in Montpellier,
Ende des 17. Jahrhunderts.

Gurkenbaum

Magnolia acuminata
Sommergrüner Waldbaum der östlichen
USA. Als großer Zierbaum in Parks und
Arboreten angebaut. Höhe 20–30 m,
Durchmesser bis 150 cm. Blüht im Mai,
Blüten unscheinbar (rechts, noch nicht
geöffnet) mit 6 aufrechten, 7 cm langen
gelbgrünen Kronblättern. Fruchtstand (rechts
außen) aufrecht, im Sommer gurkenähnlich
und grün, reift im Herbst orange bis
dunkelrot. Die Blätter sind auf S. 28
abgebildet.

Campbells Magnolie

Magnolia campbellii
Sommergrüner Baum, heimisch im Himalaja,
verbreitet wegen seiner schönen Blüte
angebaut. Höhe 20–40 m, oft tief zwieselig.
Blüht im Februar bis März, Blüten (rechts)
bis 25 cm breit, kräftig rosa bis weiß. Frucht
etwa 20 cm lang. Blätter sind auf S. 28
abgebildet.

Gelber Gurkenbaum

Magnolia cordata
Kleiner sommergrüner Baum oder Busch,
heimisch in den südwestlichen USA. Höhe
bis 6 m. Blüten (rechts außen) unscheinbar,
Kronblätter 4 cm lang. Frucht etwa 2,5–4 cm
lang, rot und oft gebogen. Blätter (S. 32)
sind mehr gerundet als bei den meisten
anderen Arten der Gattung, leicht
herzförmig an der Basis.

Yulanbaum

Magnolia denudata
Sommergrüner Baum, heimisch in China
und seit Jahrtausenden in Tempelgärten
kultiviert. Höhe 9–14 m. Weißhaarige
Winterknospen, blüht im März vor
Laubausbruch, Blüte (rechts) mit 9 weißen,
6 cm langen Kronblättern. Frucht 11 cm
lang, Blätter 8–15 cm lang, mit lang
ausgezogener Spitze.

Fraser-Magnolie

Magnolia fraseri
Sommergrüner Baum, heimisch in den
südlichen Appalachen. Höhe 9–12 m. Blüht
im Mai, Blüten (rechts außen) stark duftend,
7–12 cm lange, anfangs gelbliche, später
weiße Kronblätter. Zapfenartiger, roter
Fruchtstand, Samen rot. Blätter sind auf
S. 28 abgebildet.

Großblütige Magnolie

Magnolia grandiflora
Immergrün, heimisch in den südlichen
USA. Höhe 18–30 m. Blüht im Juli bis
September, Blüten (links) duftend, 20–25 cm
breit. Fruchtstand filzig behaart und
orange-grün, eiförmig, 5 cm lang. Blätter
(S. 27) oberseits glänzend grün, unterseits
dicht rötlich befilzt, kräftig lederig.

**Japanische
Großblättrige Magnolie**

Magnolia hypoleuca, Syn. *M. obovata*
Sommergrüner Baum, heimisch in Japan.
Höhe 15–25 m oder mehr. Blüht im Juni,
Blüten (rechts außen) stark duftend, 20 cm
breit. Fruchtstand 12,5–20 cm lang, rot.
Blätter (S. 28) an den Triebenden gehäuft
und sehr groß, bis 20 × 45 cm.

**Nördliche
Japanische Magnolie**

Magnolia kobus
Sommergrüner Baum, heimisch in Japan.
Höhe 9–12 m. Blüht im April, Blüten
(rechts) 10 cm breit, anfangs leicht filzig.
Fruchtstand rötlich, 5 cm lang, öffnet
selbständig, die roten Samen hängen an
langen Nadelsträngen wie bei *M. acuminata.*
Blatt auf S. 27 abgebildet.

Magnolia x *loebneri* 'Leonard Messel'
Eine Kreuzung, wahrscheinlich zwischen
M. kobus und einer rosa Form der buschigen
M. stellata. Blüht im April, Blüten (rechts
außen) zahlreich, 12 schmale Kronblätter,
5 cm lang, blaß-rosa bis weiß. Blatt auf
S. 32 dargestellt.

Weidenblättrige Magnolie

Magnolia salicifolia
Sommergrüner Baum, heimisch in Japan.
Höhe 6–12 m. Blüht im März, Blüten
(rechts) bis 10 cm breit. Blütenknospen
behaart. Fruchtstand 5–7,5 cm lang, rosa,
mit scharlachroten Samen. Blätter auf S. 24
abgebildet. Die Rinde besitzt einen süßlichen
Limonengeruch.

Soulange-Magnolie

Magnolia x *soulangiana*
Eine Kreuzung zwischen Yulan
(*M. denudata*) und einer buschigen Magnolie
(*M. liliflora*). Beliebter Zierstrauch bis
Halbbaum (bis 7,5 m hoch) in Gärten in
Europa und anderswo. Blüht im späten
April, Blüte (rechts außen) mit bis 12 cm
langen Kronblättern, die bei den
verschiedenen Sorten stets weiß mit
purpur-rosa sind. Ein Blatt ist auf S. 27
abgebildet.

Schirmmagnolie

Magnolia tripetala
Sommergrüner Baum, heimisch in den östlichen USA südlich von Pennsylvanien. Auf guten Standorten als Zierbaum angebaut. Höhe 9–12 m. Blüten (rechts) unangenehm stark duftend, Kronblätter 10–12 cm lang. Fruchtstand (rechts außen) bis 10 cm lang, Samen scharlachrot. Die an der Basis schmal-keilförmigen Blätter (S. 28) stehen an den Triebenden zusammen wie Speichen eines Schirmes.

Magnolia x *veitchii*
Eine sommergrüne Kreuzung zwischen *M. campbellii* und *M. denudata*. Höhe bis 30 m. Blüht im April, Blüten blaßrosa oder weiß, Kronblätter bis 15 cm lang. Blätter (S. 28) zuerst rötlich, später dunkelgrün.

Virginia-Magnolie

Magnolia virginiana
Immergrün im Süden, sommergrün im Norden ihres Verbreitungsgebietes in den östlichen und südöstlichen Vereinigten Staaten. Höhe bis 9 m. Blüht von Juni bis September, Blüten (rechts) duftend, 5–7,5 cm breit. Fruchtstand rot, 5 cm lang, Samen scharlachrot. Blätter (S. 27) vergleichsweise klein. Die südliche var. *australis* hat dicht behaarte Jungtriebe und Blattstiele.

Wilson-Magnolie

Magnolia wilsonii
Sommergrüner Baum oder Busch, heimisch in China. Blüht im Mai bis Juni, Blüten (rechts außen) duftend, 7,5–10 cm breit, an der Unterseite der Triebe hängend. Frucht rosa, 5–7,5 cm lang, die glänzend roten Samen werden im September entlassen. Das Blatt (S. 27) unterseits filzig behaart.

Malus, **Apfel**; Familie Rosaceae
Sommergrüne Bäume mit einfachen, gezähnten Blättern. Blüten in Büscheln, Blütenfarbe Weiß bis kräftig Rosa. Frucht fleischig, rund bis oval. Eine große Anzahl von Sorten unterscheidet sich in den Merkmalen der Blüte oder der Frucht.

Sibirischer Wildapfel

Malus baccata
Heimisch in Ostsibirien, Mandschurien und Nordchina. Höhe 6–15 m. Blüht im April, Blüte (links außen) 3,7 cm breit, mit schmalen, weit auseinanderstehenden Kronblättern. Frucht (links) 1–2 cm breit, gelb bis dunkelrot, können am Baum überwintern. Das Blatt (S. 37) ist auffallend schmal.

Süßer Wildapfel

Malus coronaria
Kleiner Baum, heimisch im östlichen
Nordamerika, vielfach als Zierbaum in
Gärten angebaut. Höhe bis 6–9 m. Blüht
im Mai bis Juni, Blüten (links außen)
angenehm duftend, 2,5–5 cm weit, in
Büscheln zu 4–6. Frucht (links) 2,5–3,7 cm
breit, nicht eßbar und sehr sauer. Blätter
(S. 37) schwach unregelmäßig bis deutlich
dreilappig, Herbstfärbung gelb.
M. coronaria 'Charlottae' ist eine Sorte
mit gefüllten rosa Blüten und ausgeprägter
Herbstfärbung.

Weißdornblättriger Wildapfel

Malus florentina
Kleiner Baum oder Busch, heimisch in
Norditalien, äußerlich an den Gemeinen
Weißdorn (*Crataegus monogyna*, S. 108)
erinnernd. Blüht im Juni, Blüte (links außen)
1,8 cm weit, in Büscheln von 5–7. Frucht
(links) oval, 1,2 cm lang, reift von Gelb
zu Rot im Oktober. Blatt (S. 47) dunkelgrün
oberseits, weißlich behaart unterseits,
weißdornähnlich gelappt.

Japanischer Wildapfel

Malus floribunda
Kleiner Baum, heimisch in Japan,
wahrscheinlich ein Hybride, verbreitet
angebaut in Gärten und Parks und entlang
von Straßen, auch in Europa. Höhe bis
6–9 m. Blüht April bis Mai, Blüten (links
außen) sehr zahlreich, 2,5–3 cm weit, in
Büscheln von 4–7. Frucht (links) 2 cm
breit, reift gelb im Oktober. Das Blatt
ist gewöhnlich stärker gezähnt als das
Beispiel auf S. 37, gelegentlich gelappt.

Oregon-Wildapfel

Malus fusca
Kleiner sommergrüner Baum, heimisch
im westlichen Nordamerika, gelegentlich
in Gärten und Arboreten angebaut. das
harte und schwere Holz wurde früher in
der Landwirtschaft verwendet. Höhe bis
6–12 m. Blüht im Mai, Blüten (links außen)
1,8 cm breit, in Büscheln von 6–12. Frucht
(links) oval, 1,2–2 cm breit, rot oder gelb,
von angenehm kräftigem Geschmack. Blätter
(S. 37) verfärben sich leuchtend rot und
orange im Herbst.

Hupeh-Wildapfel

Malus hupehensis
Kleiner, sommergrüner Baum, heimisch
im Himalaja bis Mittelchina. Die Blätter
liefern einen stärkenden Tee. In Europa
als Zierbaum angebaut. Höhe bis 12 m.
Blüht im April, Blüten (links außen)
duftend, 2,5–3,7 cm breit, in Büscheln
von 3–7. Frucht (links) 0,8 cm breit, reift
von Gelb und Orange zu Rot im September.
Blatt oval und spitz zulaufend, 5–10 cm
lang, an der Basis abgerundet, oberseits
dunkelgrün, unterseits filzig behaart. Junge
Blätter können rötlich gefärbt sein. Die
Rinde ist dunkelgrau-braun und im Alter
plattig aufbrechend.

Prärie-Wildapfel

Malus ioensis
Kleiner, sommergrüner Baum, heimisch
in den mittleren USA, ähnlich dem Süßen
Wildapfel *(M. coronaria).* Höhe bis 9 m.
Blüht im Juni, Blüten (links außen)
3,7–5 cm breit, in Büscheln von 4–6. Frucht
gelb, grün und rundlich, 3,7 cm breit, ähnlich
M. coronaria, Oberfläche jedoch stumpfer.
Blatt (S. 37) und Triebe sind stärker behaart
als bei *M. coronaria.*
M. ioensis 'Plena', **Bechtel-Wildapfel,**
gefüllte Blüten, 5–6,2 cm breit, weit
verbreitet in Gärten in Amerika.

Magdeburg-Wildapfel

Malus 'Magdeburgensis'
Kreuzung zwischen Chinesischem Wildapfel
(*M. spectabilis*) und Französischem
Paradiesapfel *(M. pumila).* Blüht im April
bis Mai, Blüten (links) 2,5 cm breit, kräftig
rosa, Blatt siehe S. 37.

Purpur-Wildapfel

Malus x *purpurea*
Eine in Frankreich entstandene Züchtung
mit leuchtend roten Blüten, deren Farbe
von einem der Eltern stammt, der sich
jedoch schwer kultivieren läßt und selten
blüht. Höhe bis 7,5 m. Blüht im April,
Blüten (links außen) 4 cm breit, in Büscheln
von 6–11. Frucht (links) 2 cm breit, reift
von Rot nach Purpurrot. Die Blätter (S. 37)
sind purpurrot-grün während des ganzen
Sommers, verblassen zu hellem
purpurgefärbtem Grün im Herbst (links).
Viele andere Hybriden mit purpurroten
Blättern, z. B. *Malus* 'Profusion', für den
Anbau in Europa geeignet, Blüten sehr
zahlreich und dunkelkarmesinrot, werden
aber frühzeitig blaß-rosa, Blätter größer,
ungefähr 7,5 cm lang.

Chinesischer Wildapfel

Malus spectabilis
Ein dekorativer Baum aus China, wo er
seit langem kultiviert wird, wild aber
unbekannt ist. Höhe bis 9 m. Blüht im
April bis Mai, Blüten (links außen)
gewöhnlich sehr zahlreich, 5 cm breit, in
Büscheln von 6–8. Die Frucht ist gelb,
rund, 2,5 cm breit. Die Blätter sind oval
bis fast kreisförmig rund, 5–7,5 cm lang,
an der Basis abgerundet, mit ausgezogener
Spitze. Die Rinde (links) ist dunkelbraun,
feinrissig, oft drehwüchsig, schuppig
abschilfernd.

Gemeiner Wildapfel

Malus sylvestris
Kleiner Baum, heimisch in Europa an
Waldrändern, in Knicks und Gebüschen.
Selten angebaut, aber zweifellos ein Elter
der Apfelkultursorten. Höhe bis 9 m. Blüht
im späten Mai, Blüte (links außen)
2,5–3,7 cm breit. Frucht (rechts) 2,5 cm
breit, reift gelb mit orange-roter Färbung
im September bis Oktober, obwohl im
Geschmack sauer und bitter, werden sie
zur Verbesserung hochwertiger Marmeladen
verwendet. Blätter (S. 37) mit teilweise
roten Blattstielen. Zweige tragen
gelegentlich Dornen. Borke braun und
in unregelmäßig viereckige Schuppen
aufbrechend.

Mispel

Mespilus germanica; Familie Rosaceae
Ein sommergrüner Baum oder Strauch,
heimisch in Südosteuropa und Westasien,
als Fruchtbaum seit dem Altertum in ganz
Europa angebaut. Die Früchte eignen sich
zur Herstellung von Marmeladen und
Süßigkeiten, sind roh aber nur überreif
eßbar. Vielfach auch verwildert. Höhe
bis 6 m. Blüht im Mai bis Juni. Blüten
(rechts) weißdornähnlich *(Crataegus)*, stehen
aber einzeln und sind größer, etwa
2,5–3,7 cm breit. Die charakteristischen
Früchte sind 2,5 cm breit und an der Spitze
offen. Die Blätter (S. 26) sind filzig behaart
und können an alten Bäumen harte Dornen,
1,2–2,5 cm lang, tragen.

Urweltmammutbaum
Chinesisches Rotholz

Metasequoia glyptostroboides; Familie
Taxodiaceae
Eine sommergrüne Konifere, endemisch
in Mittelchina (Szetschuan), einzige Art
der Gattung, vor der Entdeckung im Jahr
1941 nur aus Fossilien bekannt. Höhe
bis 35 m, Stammdurchmesser bis 2 m, tiefe
Krone, Äste bleiben sehr lange am Baum.
Männliche Blüten in lockeren „Kätzchen",
weibliche Blüte (links außen) etwa 0,6 cm
lang, Entfaltung bei Laubausbruch. Die
Blüten stehen in gegenständig beblätterten
Zapfen (links), 1,8–2,5 cm lang, reifen
im ersten Jahr, Farbe Dunkelbraun. Nadeln
(S. 13 und links) lichtgrün, unterseits
weißlich, bis 2,5 cm lang, linear und
gegenständig (vgl. *Taxodium distichum*).
Herbstfärbung rot-braun. Rinde dunkelgrau,
später braun bis rot-braun, rissig und
abschilfernd.

Weiße Maulbeere

Morus alba; Familie Moraceae
Sommergrüner Baum, heimisch ursprünglich
in Mittel- und Nordchina, seit Jahrtausenden
in Ostasien zur Seidenraupenzucht angebaut
und weit über das Ursprungsgebiet hinaus
verbreitet. In Mitteleuropa nur vereinzelt
in Parks und Gärten zu finden, größere
Anlagen sind bisher mißglückt. Höhe bis
15 m, selten 20–30 m. Blüten (rechts)
eingeschlechtlich, ein- oder zweihäusig,
in Kätzchen, männliche länger als weibliche
(1,2 cm). Frucht (rechts außen) eine
Scheinbeere, meist weiß, aber auch rötlich
oder purpurfarben, 1,2–2,5 cm lang, eßbar,
Geschmack fade-süßlich, gelegentlich zur
Herstellung von Konfitüren verwendet.
Blätter (S. 39) oberseits fast kahl, unterseits
längs der Adern kurz behaart, Rand ungleich
gesägt, auch schwach drei- bis fünflappig.
Milchsaft dünn, fast wässerig. Holz hart,
aber leicht zu bearbeiten.

Gemeine Maulbeere
Schwarze Maulbeere

Morus nigra
Ein sommergrüner, milchsaftführender
Baum, heimisch in Persien und
Transkaukasien, seit dem Altertum zur
Seidenraupenzucht angebaut. Frucht eßbar
und vielfach zur Herstellung von Marmelade
und Wein verwendet. Kleiner, oft buschiger
Baum, bis 9 m hoch. Meist zweihäusig,
aber auch einhäusig mit männlichen und
weiblichen Blüten in getrennten
Blütenständen, die weiblichen (rechts)
1,2 cm lang, die männlichen etwa doppelt
so lang. Der aus dem fleischigen Blütenkelch
gebildete, brombeerartige Fruchtstand
(rechts außen) reift rot, später
violett-schwarz, Geschmack angenehm
säuerlich, Fruchtstand fast sitzend. Blätter
(S. 39) meist ungelappt, derb, breit eiförmig,
an der Basis herzförmig, oberseits
dunkelgrün und grau, unterseits hellgrün
und filzig behaart. Zur Seidenraupenzucht
weniger geeignet als *M. alba*.

Nothofagus, **Südbuche;** Familie Fagaceae
Immergrüne und sommergrüne Bäume
in der südlichen Hemisphäre
zirkumpazifisch. Weibliche und männliche
Blüten in getrennten Blütenständen,
männliche in Gruppen von 1–3, weibliche
gewöhnlich in Gruppen von 3. Die Früchte
ähneln der Buchecker, sind aber kleiner.

Antarktische Südbuche

Nothofagus antarctica
Sommergrüner Baum, heimisch im südlichen
Chile bis zur Baumgrenze. Kleiner Baum
bis 15 m oder Busch. Blüht im April bis
Mai, männliche Blüten (links außen)
zahlreich, 0,4 cm lang, weibliche Blüten
unscheinbar, grün mit rotem Griffel (links
außen, unten). Frucht (links) mit 3 Nüßchen,
0,6 cm lang. Das Blatt (Abb. links und
S. 29) ungleichmäßig gezähnt, gewellt und
leicht aufgefaltet, glänzend kräftiggrün.
Rinde dunkelbraun mit tiefen Rissen und
dicken Platten.

Dombeys Südbuche

Nothofagus dombeyi
Immergrüner Baum, heimisch im mittleren
Chile und Argentinien, in Europa nur in
milden Klimaten in Arboreten angebaut.
Höhe 25–30 m. Blüht im späten Mai,
männliche Blüten (links außen) mit roten
Staubgefäßen, 0,4 cm lang. Weibliche Blüten
klein und unscheinbar wie bei *N. antarctica*.
Frucht (links) 0,6 cm lang, reift im Oktober.
Blatt (S. 29 und links) glänzend grün, mit
dunklen Flecken, unregelmäßig gezähnt.
Rinde erst glatt, dunkelschwärzlich-grau
mit waagerechten Falten, später rissig und
plattig abbrechend, freigelegte Stellen
leuchtend orange-rot.

Roblé-Südbuche

Nothofagus obliqua
Sommergrüner Baum, heimisch in Mittelchile und im westlichen Argentinien, bedeutender Waldbaum. Das Holz ist dem der Eiche ähnlich, weshalb die Spanier die Baumart Roblé = Eiche nannten. Höhe 30 m und darüber. Blüht im Mai, männliche Blüten einzeln mit 30–40 Staubgefäßen (links außen), weibliche Blüten nußartig, klein und unscheinbar grün. Früchte (links) 1 cm lang, reifen und öffnen sich im September, um die Nüßchen zu entlassen. Blätter (links und S. 29) 5–8 cm lang, 8–9 gegenständige Adern. Rinde (S. 218) an reifen Bäumen braun und rechteckig-rissig.

Rauli-Südbuche

Nothofagus procera
Sommergrüner Baum, heimisch in den Anden in Chile und im angrenzenden Argentinien, bedeutender Holzlieferant, gelegentlich auch außerhalb Chiles in milden und feuchten Klimaten forstlich angebaut, in Holzqualität und Zuwachs der *N. obliqua* überlegen. Höhe bis 25 m und darüber. Blüht im Mai, männliche Blüten (links außen) 0,6 cm lang, weibliche Blüten unscheinbar klein und grün, nußförmig in den Blattachseln am Triebende. Frucht (links) 1 cm lang, reift und öffnet sich im September. Blätter (S. 29) mit 14–18 gegenständigen Adern. Borke glatt, graubraun mit senkrechten, weiten, dunklen Rissen.

Tupelo

Nyssa sylvatica; Familie Nyssaceae
Sommergrüner Baum, heimisch in den östlichen USA, vorwiegend auf sumpfigen Standorten, aber sehr standortvage. Als Zierbaum in Amerika und Europa angebaut. Höhe bis 30 m. Stamm abholzig, bis 60 cm Durchmesser. Blüht im Juni, Blüten (rechts) zweihäusig, Blütenstände 1,2 cm breite Köpfchen. Weibliche Blüten unscheinbar, 2–8 sitzend am langen Stiel. Steinfrucht (rechts außen) 1,2 cm lang, reift dunkelbläulich-schwarz im Oktober. Blätter (S. 35 und rechts) vorwiegend an Triebenden und auf Kurztrieben gehäuft, elliptisch, Herbstfärbung leuchtend gelb-rot und rot (S. 77), schon sehr früh eintretend.

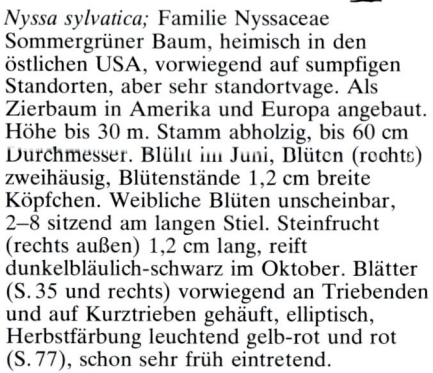

Ostrya, **Hopfenbuche;** Familie Carpiniaceae
Eine kleine Gattung sommergrüner Bäume,
in vielen Merkmalen ähnlich der Gattung
Carpinus, unterschieden hauptsächlich
durch die Früchte: jedes Nüßchen
vollständig umschlossen von einer blasigen,
dünnen Hülle.

Europäische Hopfenbuche

Ostrya carpinifolia
Heimisch im südlichen Europa, Kleinasien
und Kaukasus. Höhe 15–18 m, im Alter
breitkronig. Blüht im April, männliche
Blüten in 3,7–7,5 cm langen Kätzchen,
weibliche Blüten klein, grün und unscheinbar
zwischen den sich entfaltenden Blättern
(links außen). Fruchtstände (links) 3,7–5 cm
lang, zuerst hellgelblich-grün, im Herbst
hellbraun. In der Form ähnlich den
Fruchtständen des Hopfens. Blätter (S. 33)
mit 12–15 gegenständigen Blattnerven,
oberseits mehr behaart als auf der
Unterseite.

Amerikanische Hopfenbuche

Ostrya virginiana
Heimisch in den östlichen USA, liefert
ein sehr hartes Holz für besondere Zwecke.
Gelegentlich als Zierbaum in Gärten, Parks
und Arboreten angebaut, auch in Europa.
Höhe 9–18 m. Blüht im April, männliche
Blüten (links außen) in 15 cm langen
Kätzchen, weibliche Blüten klein und rötlich
zwischen den sich öffnenden Blättern.
Fruchtstände (links) 3,7–5 cm lang mit
behaarten Stielen, die länger sind als bei
O. carpinifolia, im Herbst hellbraun. Blätter
(S. 33) oberseits behaart, eher filzig
unterseits, Blattstiele behaart.

Sorrels Sauerbaum

Oxydendrum arboreum; Familie Ericaceae
Sommergrüner Baum, heimisch in den
östlichen USA. Angebaut in Parks und
Gärten in den USA und in Westeuropa.
Die säuerlichen Blätter liefern ein Tonikum
und ein harntreibendes Mittel. Höhe bis
18 m, auf trockenen Sandböden auch
buschig. Blüht im Juli bis September, Blüten
(rechts) 0,6 cm, glockig, in engständigen
aufrechten Rispen, 15–25 cm lang. Frucht
eine harte, holzige, eiförmige Kapsel,
0,5–1,2 cm lang. Blätter (S. 27)
wechselständig, eiförmig-elliptisch, oberseits
kahl, glänzend, im Frühjahr bronzegrün,
im Sommer hellgrün, im Herbst leuchtend
scharlachrot (rechts außen), unterseits
grau-weiß und borstig entlang den
Hauptnerven.

Parrotie
Persisches Eisenholz

Parrotia persica; Familie Hamamelidaceae
Sommergrüner Baum oder Strauch, heimisch
vom nördlichen Iran bis zum Kaukasus,
südlich der Kaspischen See. Höhe als Baum
bis 12 m, in oft sehr dichten Gebüschen
niedriger. Blüht im Februar bis März vor
Laubausbruch, Blütenstand (links außen)
1,2 cm breit, Staubgefäße leuchtendrot.
Frucht eine kleine braune Nuß, 1,2 cm
groß, in Gruppen von 3–5. Die Blätter
(S. 32) verfärben sich leuchtend rot, orange
und gelb (links). Rinde (S. 218) glatt und
grau, schuppig aufbrechend, freigelegte
Rinde hellgrün.

Blauglockenbaum

Paulownia tomentosa; Familie
Scrophulariaceae
Sommergrüner Baum, heimisch in China,
angebaut in Japan, in Parks und an Straßen
in Südeuropa, in Gärten und Arboreten
in ganz Europa, ist jedoch nicht winterhart,
vor allem nicht die im Herbst gebildeten
Blütenknospen. Höhe 12–30 m. Blüht
im Mai, Blüte (rechts) 5 cm lang,
bläulich-weiß, in großen, aufrechten Rispen.
Frucht (rechts außen) bis 5 cm lang, bei
der Reifung trocknend und aufbrechend,
Samen zahlreich und geflügelt. Blätter
(S. 42) sehr variabel, kleine Blätter
glattrandig, größere Blätter mit 3 oder
5 flachen Einlappungen, oberseits mit
seidigen Haaren besetzt, unterseits
grau-feinhaarig.

Amur-Korkbaum

Phellodendron amurense; Familie
Rutaceae
Sommergrüner Baum, heimisch im
Amur-Gebiet bis Korea. Höhe 15–25 m.
Blüht im Juni bis Juli, zweihäusig, in
aufrechten, wenig verzweigten Rispen,
Blüte unscheinbar grünlich-gelb, Frucht
(links außen) eine kugelige Steinfrucht,
1,2 cm breit, fünfsamig. Blätter (S. 55)
unpaarig gefiedert, 5–11 gegenständige
Blättchen. Zerriebene Blättchen riechen
stark würzig.

Phellodendron japonicum, **Japanischer
Korkbaum**
Sommergrüner Baum, heimisch in Japan.
Höhe 10–25 m. Blüht im Juni bis Juli,
Blütenstände weiß-filzig, aufrecht, männliche
Rispen (links) 7 cm breit und 10 cm lang,
weibliche Rispen etwas kleiner. Früchte
wie bei *P. amurense* in filzig-behaarten
Rispen. Fiederblättchen etwas breiter und
unterseits filzig behaart statt glatt wie bei
P. amurense.

Picea, Fichte; Familie Pinaceae
Immergrüne Koniferen mit nadelartigen
Blättern, Blattnarbe rhombisch,
höckerförmig auf erhobenem Polster, Nadeln
einzeln, meist spiralig um den Zweig
stehend. Einhäusig, Zapfen hängend, nicht
zerfallend, als Ganzes abfallend,
Deckschuppen sehr klein und kaum
erkennbar.

Rotfichte

Picea abies
Heimisch in den Gebirgen Süd- und
Mitteleuropas, im Norden auf feuchten
Böden bis zu einem Niederschlagsminimum
von 600 mm ins Tiefland herabgehend.
Forstlich angebaut in Europa, versuchsweise
in Amerika und Asien. Das vielseitig
verwendbare Holz ist das wichtigste
Nutzholz Europas. Beliebter
Weihnachtsbaum. Höhe 35–55 m. Blüht
im Mai, männliche Blüten erdbeerfarben,
beim Verstäuben gelb, in Gruppen an den
Triebenden (rechts, unterer Zweig).
Weibliche Blüte im oberen Teil der Krone,
zuerst aufwärts gerichtet, nach der
Bestäubung hängend, Blüten und unreife
Zapfen grün oder rot (rechts, obere Zweige),
reifen zu einem glänzenden Braun im
Herbst, 10–15 cm lang (rechts außen).
Nadeln steif, zugespitzt, an Jugend- und
Schattenzweigen zweiseitig ausgebreitet,
an Lichtzweigen spiralig um den Zweig
herumstehend (S. 17 und rechts), Knospen
braun. Rinde rötlich-braun, anfangs fein-,
später grobschuppig. Wuchsform und Borke
der Fichte sind sehr variabel.

Drachenfichte

Picea asperata
Heimisch im westlichen China, angebaut
in Arboreten, Parks und großen Gärten.
Höhe bis 30 m. Blüht im April, Blüten
(rechts) 2 cm lang, männliche Blüten rosa,
bei Pollenausschüttung gelb, weibliche
Blüten dunkelkarmesinrot. Zapfen (rechts
außen) 7,5–12,5 cm lang, Samenschuppen
abgerundet. Benadelung (S. 17) bläulich,
Nadeln dichter in den oberen Teilen der
Triebe, untere Nadeln deutlich aufwärts
gebogen. Rinde dunkelbraun, dünnschuppig.

Sargent-Fichte

Picea brachytyla
Heimisch im mittleren und westlichen China,
angebaut in Arboreten, Parks und großen
Gärten. Höhe 25 m. Blüht im Mai,
männliche Blüten 1,5 cm lang, erst rot,
dann gelb, weibliche Blüten etwas größer
am Zweigende (rechts). Zapfen (rechts
außen) 6–8 cm lang. Benadelung (S. 17)
charakteristisch durch die zweiflächigen,
tannenartigen Nadeln (Kennzeichen der
Sektion *omorika*), sitzen an den Seiten
und der Oberseite der Zweige. Nadeln
oberseits hellglänzendgrün, unterseits weiß.
Rinde glatt, grau und bedeckt mit weißen
Harzflecken.

Siskiyou-Fichte

Picea breweriana
Endemisch in einem kleinen Gebiet in
Kalifornien und Oregon um 2000 m Höhe.
Wegen seiner hängenden Zweige zweiter
Ordnung beliebter Zierbaum. Höhe bis
36 m. Blüht im Mai, männliche Blüten
ziemlich kugelig, 1,5 cm groß, weibliche
Blüten aufrecht, 2,5 cm lang, gewöhnlich
dunkelrosa (rechts, Beispiel in der
Abbildung abweichend grün mit rötlichen
Spitzen), später purpurrot. Reife Zapfen
(rechts außen) mit runden Samenschuppen,
braun, weich und größer als bei *P. abies*.
Benadelung (S. 17) dunkelgrün, locker,
Nadeln deutlich nach der Triebspitze
gerichtet. Rinde dunkelrötlich-grau,
rundschuppig.

Blaue Engelmannfichte

Picea engelmannii f. *glauca*
Eine bläulich-nadelige Form der
Engelmannfichte, heimisch in den Gebirgen
des westlichen Nordamerikas. Höhe
30–45 m. Blüht im Mai, männliche Blüten
dunkelpurpurrot (nicht abgebildet),
weibliche Blüten purpurrot (rechts), 3 cm
lang. Zapfen (rechts außen) 5–8 cm lang,
Samenschuppen leicht gezähnt, im Gegensatz
zur Weißfichte (*P. glauca*). Benadelung
(S. 17) charakteristisch durch die zum
Triebende gerichteten, scharfspitzigen
Nadeln, die beim Zerreiben einen Geruch
nach Kampfer abgeben. Rinde
gelblich-rötlich-braun und dünnschuppig.

Schimmelfichte
Kanadische Weißfichte

Picea glauca
Heimisch im borealen Nadelwald
Nordamerikas von Alaska bis Neufundland,
in den östlichen USA im montanen
Nadelwald. Forstwirtschaftlich bedeutende
Baumart, oft in Parks und Arboreten
angebaut. Höhe 20–40 m. Blüht im April
(rechts), männliche und weibliche Blüten
2,5 cm lang, Zapfen (rechts außen) 3–6 cm
lang mit abgerundeten, dünnen und locker
stehenden Samenschuppen. Benadelung
(S. 17) dichter am Triebende, Nadeln zeigen
zum Triebende, bläulich-grau, 2 cm lang,
stumpf, vierkantig, beim Zerreiben nach
Schwarzer Johannisbeere riechend. Rinde
purpurrot-grau, rundschuppig.

Yedo-Fichte

Picea jezoensis var. *hondoensis*
Die Art ist in Ostsibirien von Ajan bis
zum Amur, auf den Kurilen und in Sachalin,
die var. *hondoensis* in Japan heimisch.
Höhe 30 m. Blüht im Mai (rechts),
männliche Blüten 2,5 cm lang, weibliche
Blüten etwas größer (rechts, unterer Zweig).
Zapfen (rechts außen) 5 cm lang mit
gezähnten, einwärts gebogenen Schuppen.
Nadeln (S. 17) scharfspitzig, unterseits
2 weiße Längsstreifen, aufwärts und vorwärts
gebogen, oberseits und seitlich am Zweig
sitzend. Die Rinde ist glatt, braun bis
graubraun, rissig und plattig abschilfernd.

Koyama-Fichte

Picea koyamai
Heimisch in Mitteljapan im Gebirge
zwischen 1500 und 1800 m, auch in Korea.
Höhe 18 m. Blüht im Mai (rechts),
männliche Blüten 2,5 cm lang, weibliche
Blüten dunkelpurpurrot und etwas länger.
Zapfen (rechts außen) 10 cm lang,
abgerundete und leicht gewellte Schuppen.
Bei Austrocknung schrumpfen sie auf die
Hälfte zusammen. Nadeln (S. 17) sehr
scharfspitzig, vierkantig und bläulich bereift.
Die Nadeln sitzen rund um den Zweig,
die Nadeln der Zweigunterseite biegen
sich jedoch aufwärts, die oberen Nadeln
vorwärts. Rinde dunkelbraun bis
hellrötlich-grau, mit grauen, abbrechenden
Schuppen.

Likiang-Fichte

Picea likiangensis
Verbreitet über ein großes Gebiet im
westlichen China und Tibet, zuerst in den
Lichiang-Bergen in der Yünnan-Provinz
entdeckt. Angebaut als Zierbaum in Gärten,
Parks und Arboreten. Höhe bis 45 m. Blüht
im April, Blüten (rechts) über die ganze
Krone verteilt. Zapfen (rechts außen) meist
5 cm lang, mit abgerundeten, aber gewellten
Schuppen. Nadeln (S. 17) variabel von
Grün bis Blaugrün, vierkantig, Nadeln
auf der Zweigoberseite zeigen in Richtung
auf die Zweigspitze. Borke hellgrau und
grau mit einigen langen, dunklen Rissen.

Schwarzfichte

Picea mariana
Verbreitung ähnlich wie bei *P. glauca* im
borealen Nadelwald Nordamerikas, nach
Süden in Gebirgslagen bis Wisconsin und
Virginia. Angebaut in Parks und Arboreten,
kurzlebig und forstlich wenig bedeutend.
Aus den Nadeln wird Fichtenbier hergestellt.
Höhe 10, maximal 30 m, schmalkronig
im natürlichen Verbreitungsgebiet (s. oben
links), breiter bei Anbau außerhalb (s. oben
rechts). Blüht im Mai (rechts), männliche
Blüten rot, weibliche Blüten gelb-grün,
beide 2 cm lang. Zapfen (rechts außen)
klein, 3 cm lang, fast kugelig, mattbraun,
an kurzen gekrümmten Stielen auf mehrere
Jahre am Baum bleibend. Nadeln (S. 17)
blau-grün, ähnlich *P. glauca,* aber
nicht aromatisch, vierkantig. Jungtriebe behaart.
Die Rinde ist rötlich bis
purpurrötlich-graubraun und schuppig.

Sibirische Fichte

Picea obovata
Heimisch im borealen Nadelwald Eurasiens
von Nordostskandinavien bis Ostsibirien,
an das Verbreitungsgebiet der Rotfichte
(*P. abies*) östlich anschließend und durch
die Zwischenform *fennica* verbunden. Höhe
20–50 m. Blüten (links) und Zapfen (rechts
außen) ähnlich *P. abies,* aber die Zapfen
sind kleiner, bis 8 cm lang, Samenschuppen
breit, eiförmig bis herzförmig, außen
ganzrandig. Benadelung (S. 18) ähnlich
wie bei *P. abies,* vielleicht etwas spitzer,
weniger dicht, und auf der Zweigunterseite
an kräftigen Trieben nach vorn und unten
deutend. Diese Unterscheidungsmerkmale
sind jedoch unsicher. Rinde wie bei der
Rotfichte.

**Omorikafichte
Serbische Fichte**

Picea omorika
Heimisch in Serbien, Bosnien und
Montenegro, durch Waldzerstörung auf
einige wenige Reliktstandorte
zurückgedrängt. Winterharter und
schnellwüchsiger Zierbaum, wegen seiner
sehr schmalen und tiefen Krone beliebter
Gartenbaum. Höhe bis 40 m. Blüht im
Mai, männliche Blüten 1,2 cm (rechts oben),
weibliche Blüten etwas größer (rechts
unten). Zapfen (rechts außen) 2,5–5 cm,
gestreckt eiförmig, Samenschuppen breit
und abgerundet. Nadeln (S. 18) tannenartig
abgeflacht, dachziegelartig die
Zweigoberseite bedeckend. Rinde rotbraun,
plattig und dünnschuppig.

Orientalische Fichte
Kaukasus-Fichte
Sapindus-Fichte

Picea orientalis
Heimisch in den Gebirgen Kleinasiens
und im Kaukasus, Zierbaum in Parks und
Gärten in Europa und Nordamerika, in
feuchten Klimaten auch forstlich angebaut.
Höhe 30–50 m, dicht beastete Krone. Blüht
im April, männliche Blüten 1,2 cm, rötlich,
weibliche Blüten rötlich bis violett-grün,
2,5 cm lang (rechts). Zapfen (rechts außen)
5–9 cm lang, walzig-schmal, reifen glänzend
braun. Die Nadeln (S. 18) sind die kleinsten
von allen Fichtennadeln, 0,5–1 cm lang,
stark glänzend, stumpfspitzig. Borke
rötlich-braun, kleinschuppig.

Tigerschwanzfichte
Toranofichte

Picea polita
Heimisch in Nord- und Mitteljapan, um
1200 m. Sehr selten in Parks und Gärten
in Europa und Nordamerika. Höhe
20–30 m. Blüht im Mai, männliche Blüten
2 cm, weibliche Blüten 2,5 cm (links).
Zapfen (rechts außen) 10 cm lang, reifen
dunkelbraun, gestreckt eiförmig,
Samenschuppen abgerundet. Nadeln sehr
derb, hart, scharfspitzig und vom Zweig
abstehend, vierkantig (S. 18). Rinde
rötlich-braun, in großen, groben Schuppen
bis Platten, ähnlich wie bei *P. sitchensis*,
abschilfernd.

Stechfichte
Coloradofichte

Picea pungens
Heimisch in den Felsengebirgen
Nordwestamerikas zwischen 2000 und
2800 m. Winterharter Zierbaum, vor allem
die blaubereiften Varietäten *P. p.* 'Glauca',
in Parks und Gärten, neuerdings beliebter
Weihnachtsbaum. Höhe bis 30 m, selten
bis 45 m. Blüht im Mai, die rötlichen
männlichen Blüten 2 cm lang, weibliche
Blüten 4 cm lang und grün (rechts). Zapfen
(rechts außen) 6 cm lang, mit am Rand
gezähnten Schuppen, blaßhellbraun. Nadeln
(S. 18) vierkantig, scharf stechend, je nach
Varietät bläulich-grün bis
silber-bläulich-grau. Wuchsform der
Varietäten sehr verschieden, Rinde
rötlich-graubraun, grobplattig.

Blaue Stechfichte

Picea pungens f. *glauca*
Die unter dem Sammelbegriff *P. pungens*
'Glauca' geführten Sorten der Stechfichte
sind besonders als Zierbaum in Parks,
Gärten und Arboreten geschätzt und werden
auch wegen ihrer Widerstandsfähigkeit
gegen Luftverschmutzung gern angebaut.
Zunehmend beliebter Weihnachtsbaum.
Die Blüten (rechts) und Zapfen (rechts
außen) entsprechen der typischen Form.
Die scharfstechenden, harten, blaubereiften
Nadeln (S. 18) sind leicht von den weicheren
Nadeln der *P. engelmannii* f. *glauca* zu
unterscheiden, die Knospen durch ihre
auswärts gebogenen Schuppen. Sehr viele
in Wüchsigkeit und Form unterschiedene
Zuchtsorten werden unter Handelsnamen
gehandelt.

Amerikanische Rotfichte
Hudsonfichte

Picea rubens, Syn. *P. rubra*
Heimisch in Neuschottland und
Neufundland. Verwendet als Nutzholz
und zur Herstellung von Fichtenbier. Höhe
bis 30 m, in der arktischen Zone strauchig.
Blüht im Mai, männliche und weibliche
Blüten 2–3 cm lang (rechts). Zapfen (rechts
außen) 3–4 cm, spitz-eiförmig, reif glänzend
rotbraun und mit Harz überzogen, sehr
ähnlich wie bei *Picea mariana,* aber nach
Öffnen der Zapfen Schuppen abfallend,
bei *P. mariana* dagegen einige Jahre hängen
bleibend. Nadeln (S. 18) 1–1,5 cm, vierkantig
mit stechender Knorpelspitze, frischgrün
bis gelblich-grün, glänzend (Gegensatz
zu *P. alba, nigra* und *mariana*). Borke
dunkelrot-braun, mit kleinen, gebogenen
Schuppen bis Platten.

Sitkafichte

Picea sitchensis
Verbreitet entlang der amerikanischen
Pazifikküste von Alaska bis nach
Nordkalifornien bis 100 km landeinwärts
und 1000 m Seehöhe, raschwüchsig und
in feuchten Klimaten verbreitet in
Holzbaumplantagen angebaut. Höhe
50–70 m, maximal 90 m, und 5 m
Stammdurchmesser, Alter 800 Jahre. Blüht
im Mai, männliche Blüten rötlich,
2,5–3,7 cm lang, weibliche Blüten etwas
länger, gewöhnlich rötlich-grün bis rot
(rechts). Zapfen (rechts außen) 5-10 cm
lang, Samenschuppen klein, weich und
gewellt. Nadeln (S. 18) dünn, aber steif
und sehr stechend, 1,5–2,5 cm lang. Rinde
(S. 218) dunkelrot-braun bis grau, springt
in kleinen bis groben, muscheligen Platten
ab.

**Westliche Himalaja-Fichte
Morindafichte**

Picea smithiana
Heimisch im westlichen Himalaja, nach
dem ersten Präsidenten der Londoner
Linnéschen Gesellschaft genannt. Höhe
30–40 m, maximal 60 m, Zweige ähnlich
wie bei *P. breweriana,* aber weniger stark
ausgeprägt hängend. Blüht im Mai,
männliche Blüten 2 cm, weibliche Blüten
länger (rechts). Zapfen (rechts außen)
bis 18 cm lang, zuerst hellgrün, bei Reife
glänzend braun, Samenschuppen abgerundet,
später gezähnt. Nadeln (S. 18) länger als
bei allen anderen Fichtenarten, nach allen
Seiten abstehend. Rinde rötlich-grau, springt
in flachen, runden Platten ab.

**Östliche Himalaja-Fichte
Sikkim-Fichte**

Picea spinulosa
Heimisch im östlichen Himalaja in höheren
Berglagen. Gelegentlich in Parks und
Arboreten. Höhe im Urwald auf günstigen
Standorten bis über 60 m. Blüten (rechts)
im Mai, männliche 2,5 cm lang, weibliche
gering länger. Zapfen (rechts außen) 6–8 cm
lang, grün mit purpurfarbenen Rändern
der Samenschuppen, reife Zapfen braun.
Nadeln (S. 18) unterseits heller, nach dem
Triebende zu gerichtet, scharf-spitzig. Die
Rinde ist hellgrau, mit flachen Rissen,
in rundlichen Platten abbrechend.

Wilsons Fichte

Picea wilsonii
Heimisch in Mittelchina in Gebirgslagen,
in Europa und Amerika nur selten in
Arboreten und Parks zu finden. Höhe
bis 23 m. Blüht im Mai, männliche Blüten
2 cm, weibliche Blüten größer und kräftig
rot gefärbt (rechts). Zapfen (rechts außen)
länglich zylindrisch, 4–7 cm lang, Schuppen
rund, frühestens ein Jahr nach der Reife
abfallend. Nadeln (S. 18) dick,
stechend-spitzig, vierkantig, 0,8–1,5 cm
lang, dunkelgrün. Rinde rötlichgrau-braun,
dünnschuppig abfallend.

Picrasma

Picrasma quassioides; Familie
Simaroubaceae
Sommergrüner Baum, heimisch in Japan,
Korea, China und Himalaja. Sehr dekorativ,
aber außerhalb des natürlichen
Verbreitungsgebiets wenig angebaut. Höhe
bis 12 m, oft buschig. Blüht im Juni, Blüte
(links außen) 0,5 cm in lockerer Rispe.
Frucht (links) 1 cm lang, reifen rot im
September oder Oktober. Fiederblätter
(S. 55) mit neun- bis dreizehnpaarigen
Blättchen, färben sich im Herbst gelbrot
bis scharlachrot.

Pinus, **Kiefer;** Familie Pinaceae
Immergrüne baumartige oder strauchige
Koniferen. Blätter nadelartig, lang und
dünn, einzeln nur an jungen, ein-, höchstens
vierjährigen Pflanzen, sonst in Gruppen
von 2–5 (6–8) an Kurztrieben, an der Basis
von aus Schuppen gebildeten Nadelscheiden
umgeben. Einhäusig, Blüten
getrenntgeschlechtlich, männliche Blüten
an Stelle von Kurztrieben, weibliche Blüten
aus Quirlknospen entstehend. Zapfen mit
verkümmerten Deckschuppen und großen,
verholzenden Samenschuppen, meist im
2. bis 3. Jahr reifend.

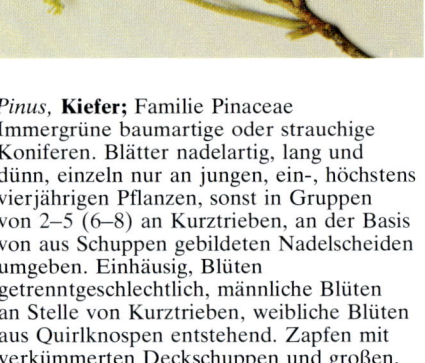

Weißborkenkiefer

Pinus albicaulis
Heimisch im westlichen Nordamerika in
1500–3000 m Seehöhe. Kleiner Baum
bis 15 m Höhe oder strauchig an exponierten
Standorten. Blüht im Juni, männliche Blüten
rot und in Büscheln, weibliche Blüten
(rechts) 1,2 cm lang. Zapfen (rechts außen)
3,5–7,5 cm lang, die dicken Schuppen mit
scharfem Nabel reifen von Purpurrot zu
Braun. Öffnen sich nach Abfallen am
Boden, Samen groß und eßbar, ohne Flügel,
1,2 cm lang. Fünfnadelig (S. 21), gelegentlich
6, selten 8, mit hellen Längsstreifen an
allen Seiten, 5–6 cm lang. Knospen
dunkelrot-braun, Schuppen dicht angepreßt.
Rinde älterer Bäume glatt und fast weiß.

**Grannenkiefer
Borstenkiefer**

Pinus aristata
Heimisch im Gebirge oberhalb 2600 m
in Colorado, Neumexiko, Arizona. Höhe
5–15 m, Alter in den White Mountains
in Kalifornien bis 5000 Jahre. Blüht im
Juni, männliche Blüten dunkelrot, weibliche
Blüten (rechts) purpurrot, 0,6 cm lang.
Zapfen (rechts außen) 8 cm lang, mit
auffälligen, langen, borstigen Nadeldornen.
Fünfnadelig, Nadeln (S. 21) kurz und
gedrungen, Innenseiten heller als die kräftig
grünen Außenseiten, an den Triebenden
flaschenbürstenartig zusammengedrängt.

Davidskiefer

Pinus armandii
Heimisch in China, wo sie von dem französischen Missionar und Naturwissenschaftler Armand David gesammelt wurde, sowie in Burma und Formosa. Angebaut in Arboreten. Höhe 20–25 m. Blüht im Juni, männliche Blüten (rechts oben) gelb, oft vereinzelt, weibliche Blüten (rechts unten) purpurfarben. Zapfen (rechts außen) 7,5–15 cm lang, dickschuppig, bei Reife hellbraun. Fünfnadelig, die langen, weichen Nadeln (S. 22) sind oft im unteren Teil geknickt, als wären sie gebrochen. Stomata nur auf den Innenseiten in 4–6 weißen, deutlichen, feinen Perlenschnüren. Die Nadeln fallen schon im 2. Lebensjahr ab, teilweise kahle Jungtriebe und ein- bis zweijährige Zweige und zahlreiche Harztropfen sind charakteristisch.

Knopfzapfenkiefer

Pinus attenuata
Heimisch im westlichen Nordamerika von Oregon südwärts. Höhe 9–30 m. Blüht im Mai, männliche Blüten orange-braun, in großen Büscheln an der Basis der Jungtriebe, weibliche Blüten (rechts, im Beispiel am Wipfeltrieb) 1,5 cm lang, gewöhnlich in Wirteln. Zapfen (rechts außen) 10–13 cm lang, Nabel knopfförmig aufgewölbt mit dornartiger Spitze, vor allem an der Außenseite. Die Zapfen können bis 40 Jahre am Baum bleiben, bis sie sich nach einem Feuer oder dem Tod des Baumes öffnen. Zapfen oft harzfleckig. Dreinadelig (S. 21), Knospen zylindrisch und harzig. Rinde (S. 218) dunkelgrau, feinschuppig, oft von trockenem Harz bedeckt. *P. attenuata* ist in Mitteleuropa nicht lebensfähig.

Mexikanische Weißkiefer

Pinus ayacahuite
Heimisch in Guatemala und Mexiko in Gebirgstälern von 2500 bis 3000 m Seehöhe. Höhe bis 30 m und darüber. Blüht im Juni, die gelben männlichen Blüten in dichten Büscheln an der Jungtriebbasis, weibliche Blüten rot, 1 cm lang (rechts). Zapfen (rechts außen) bis 15–30 cm lang, reifen hellbraun und öffnen sich schon während der Reifung, Schuppenspitzen grünlich harzig, Schuppen an der Basis zurückgebogen. Samenflügel 2,5 cm lang, Samen 0,6 cm. Fünfnadelig (S. 22), Nadeln dünn und weich-biegsam.
P. ayacahuite var. *veitchii*
Eine Varietät von Mexiko, die mit der typischen Form oft verwechselt wird. Die Form hat größere, 1,2 cm lange Samen mit kürzeren breiteren Flügeln. Die Zapfen werden bis 38 cm lang.

Bankskiefer

Pinus banksiana
Heimisch im nordöstlichen Nordamerika,
vollkommen frosthart und anspruchslos,
geeignet für arme Sandböden, Holz jedoch
wenig wertvoll. Verbreitet in Parks und
Arboreten, selten in Forsten in Europa
angebaut. Höhe bis 20 m, meist niedriger,
gelegentlich nur strauchig. Blüht im Mai,
männliche Blüten gelb oder rotgelb, in
Büscheln an der Basis von Jungtrieben,
weibliche Blüten rot und stechend, 0,5 cm
lang (rechts). Zapfen (rechts außen) 3–5 cm
lang, spitz zulaufend und oft gekrümmt,
reifen hellbraun und bleiben noch lange
an den Zweigen sitzen und öffnen sich
zum Teil erst unter dem Einfluß der Hitze
von Waldbränden. Die Bankskiefer ist
daher oft eine der ersten Baumarten, die
Brandflächen besiedeln. Zweinadelig (S. 19),
Nadeln kurz, 2–4 cm, gedreht und gespreizt,
hellgrün.

Chinesische Weißborkenkiefer

Pinus bungeana
Heimisch im nordöstlichen und mittleren
China, angebaut in Arboreten, selten in
Gärten und Parks. Höhe bis 30 m, der
Stamm oft zwieselig, gelegentlich
strauchartig. Blüht im Mai, männliche Blüten
gelb in Büscheln an der Basis von
Jungtrieben, weibliche Blüten gelblich-grün,
1 cm lang (rechts). Zapfen 5–8 cm lang,
Nabel kurz-dornspitzig. Samen hart, 0,8 cm
lang mit kurzem Flügel. Dreinadelig (S. 21),
Nadeln glänzend und steif. Rinde (S. 218)
glatt, dunkelgrau, großplattig abschilfernd
und weißlich junge Rinde freilegend, an
die Rinde von Platanen erinnernd. Die
Oberfläche der Rinde alter Bäume ist fast
vollständig glatt und weiß, platanenähnlich,
z.B. an alten Exemplaren im Park des
kaiserlichen Sommerpalastes bei Beijing,
China.

Zirbelkiefer
Arve

Pinus cembra
Heimisch in den Alpen und Karpaten bis
zur Baumgrenze, außerdem im nördlichen
Rußland und Sibirien als var. *sibirica,* als
Zierbaum in Parks und Arboreten angebaut.
Höhe 20–30 m, langsam wachsend, Alter
bis 1000 Jahre. Blüht im Mai (rechts oben
männlich, unten weiblich). Zapfen (rechts
außen) 6–8 cm lang, eiförmig, reifen braun
und fallen im 3. Jahr ab. Die Schuppen
öffnen sich nicht, die flügellosen, großen
und eßbaren Samen werden erst frei, wenn
der Zapfen verrottet oder durch Tiere
zerstört wird. Fünfnadelig, Nadeln (S. 22)
5–8 (12) cm lang, steifer und etwas dicker
als bei *P. strobus,* Innenseite
bläulich-grau-grün. Junge Triebe orange-rot,
filzig behaart.

**Mexikanische Steinkiefer
Pinyon**

Pinus cembroides
In mehreren Varietäten, heimisch in
Arizona, Kalifornien und Mexiko. Die
eßbaren Nüsse werden gehandelt. Höhe
12–15 m. Blüht im Mai, männliche Blüten
gelb in dichten Büscheln, weibliche Blüten
(rechts) rötlich-grün an den Triebspitzen.
Zapfen (rechts außen) mehr oder weniger
kugelig, 2,5–5 cm breit und lang, nur 25–30
Schuppen, die sich im Herbst öffnen, um
den flügellosen, 1–2 cm großen Samen
zu entlassen. Dreinadelig (gelegentlich
zwei-), Nadeln (S. 21) säbelförmig gebogen,
scharfspitzig, 2–5 cm lang, an Triebenden
pinselartig gehäuft. Die Varietäten
unterscheiden sich in der Anzahl der Nadeln
am Kurztrieb (1, 2 und 4) und der
Nadeldicke.

**Drehkiefer
Strandkiefer**

Pinus contorta
In 4 Varietäten heimisch im westlichen
Nordamerika von Alaska bis Kalifornien,
im Osten bis in das Felsengebirge. Angebaut
in Parks, Gärten und Forsten. Höhe
25–35 m. Blüht im Mai, männliche Blüten
zahlreich, gelb, 2 cm lang, weibliche Blüten
rot, 0,6 cm lang (rechts). Zapfen (rechts
außen) eiförmig, meist gebogen, 3-5 cm
lang. Nabel scharfspitzig, Schuppen öffnen
sich am Baum. Zweinadelig (S. 19), Nadeln
stark gedreht, 3–5 cm lang. Zweige ebenfalls
gedreht. Rinde rötlich-braun, tiefrissig,
rechteckig-plattig.

Langnadelige Drehkiefer

Pinus contorta var. *latifolia*
Langnadeligere Varietät, heimisch im
Felsengebirge von Alaska bis Colorado.
Einige Herkünfte dieser Varietät haben
sich bei Aufforstungen im mittleren und
nördlichen Europa bisher bewährt. Höhe
25–30 m, schmalkroniger als der Typ. Blüht
im Mai, Blüten wie beim Typ var. *contorta*
(rechts). Zapfen (rechts außen) mehr
rötlich-braun, kürzer und rundlicher als
beim Typ. Einige Zapfen können
geschlossen am Baum einige Jahre sitzen
bleiben. Nadeln (S. 19) länger, breiter und
heller, die Rinde dünner und glatter als
beim Typ.

Riesenzapfen-Kiefer

Pinus coulteri
Heimisch in Kalifornien und
Nordwestmexiko. Samen eßbar. Angebaut
in Arboreten und Gärten in milden
Klimaten, in Mittel- und Nordeuropa nicht
lebensfähig. Höhe bis 30 m. Blüht im Juni,
männliche Blüten dunkelpurpur, dann
gelb (rechts oben), weibliche Blüten rot,
1,5 cm lang (rechts unten). Zapfen (rechts
außen) sind die schwersten (bis 2,3 kg)
und, neben *Pinus ayacahuite* var. *veitchii,*
größten (bis 30 cm Länge) aller
Kiefernzapfen. Zapfen an der Basis krumm,
hellbraun, Schuppen mit scharfen, nach
innen gekrümmten Dornspitzen. Samen
ebenfalls groß, 1,2 cm lang mit etwa doppelt
so langem Flügel. Die Zapfen bleiben am
Baum meist geschlossen und für mehrere
Jahre sitzen, einige öffnen sich jedoch
im Herbst und entlassen den Samen.
Dreinadelig, Nadeln 25–30 cm lang (S. 21),
kräftig und steif, im 2. Jahr häufig gekniet.

Weichkiefer

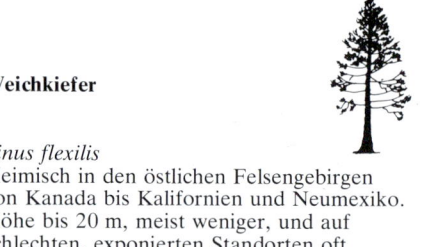

Pinus flexilis
Heimisch in den östlichen Felsengebirgen
von Kanada bis Kalifornien und Neumexiko.
Höhe bis 20 m, meist weniger, und auf
schlechten, exponierten Standorten oft
buschig. Blüht im Juni, männliche Blüten
gelb oder rötlich-gelb, weibliche rot, oft
in Gruppen, 0,6 cm lang (rechts). Zapfen
(rechts außen) 8–20 cm lang, ähnlich
P. albicaulis, aber länger und öffnen sich
bei Reife, einzeln oder in Gruppen von
2–3. Fünfnadelig, Nadeln (S. 22) 3–7 cm
lang, steif, nicht knickend, Kanten glatt
und nicht feingezähnt wie bei den meisten
fünfnadeligen Kiefern. Nur gelegentliche
Zähnung nahe der Nadelspitze.

**Aleppokiefer
Seekiefer**

Pinus halepensis
Heimisch im Mittelmeergebiet und
Kleinasien, besonders auf trockenen, heißen
Böden, auf Bergen und an der Küste. Das
Harz wurde von den Griechen im Altertum
bei der Weinherstellung verwendet, heute
liefert es Terpentinöl. Höhe 10–15 m,
Stamm häufig knorrig und gedreht. Blüht
im Mai, weibliche Blüten (rechts) 1 cm
lang. Zapfen (rechts außen) 8–10 cm lang,
rotbraun bis fast gelb, meist in drei
Gruppen, sitzen mehrere Jahre am Zweig.
Zwei-, sehr selten dreinadelig, hellgrün,
dünn, 6–10 cm lang. Nadelscheiden
zurückgebogen (S. 19).

Schlangenhautkiefer

Pinus heldreichii var. *leucodermis,* Syn.
Pinus leucodermis
Heimisch in Bosnien, Herzegowina,
Montenegro (1000–2000 m), bis nach
Norditalien, häufiger als die typische Form,
auch als eigene Art angesehen. Höhe
15–30 m. Blüht im Mai, männliche Blüten
zahlreich, gewellt, weibliche
dunkelpurpurrot, 0,8 cm (rechts). Zapfen
(rechts außen) reifen im 2. Jahr, hellbraun,
5–8 cm lang. In der Abbildung sind einige
Nadelbündel am Trieb entfernt worden,
um den jungen Zapfen im 1. Sommer besser
zu zeigen. Zweinadelig, Nadeln (S. 19)
dunkelgrün, scharfspitzig, Rand fein gesägt,
pinselförmig an den Triebspitzen gehäuft.
Nach dem Nadelabfall schlangenhautartig
gefelderte Zweigoberfläche.

Holfords Kiefer

Pinus x *holfordiana*
Eine in England gezogene Hybride von
Mexikanischer Weißkiefer *(P. ayacahuite)*
und der Tränenkiefer *(P. wallichiana).*
Gelegentlich in Arboreten und Gärten.
Höhe bisher 30 m. Blüht im Juni, männliche
Blüten gelb, in dichten Büscheln an der
Basis der Jungtriebe, weibliche Blüten
dunkelrot, schmal, 2 cm lang (rechts).
Zapfen (rechts außen) reifen im 2. Jahr
von Grün bis holzig Rötlich-hellbraun,
20–30 cm lang. Schuppen öffnen sich am
Zweig. Samen geflügelt. Fünfnadelig, Nadeln
(S. 22) an der Außenseite glänzend grün,
an der Innenseite blaßgrau-bläulich-grün.
Vergleiche Beschreibungen der Elternarten.

Jeffrey-Kiefer

Pinus jeffreyi
Heimisch im Südoregon bis 1000 m Seehöhe
und in Kalifornien bis 3000 m an die Zone
der *P. ponderosa* anschließend. Angebaut
als Zierbaum in Gärten und Parks in Europa
und Nordamerika. Höhe 30–60 m, maximal
70 m. Blüht im Juni, männliche Blüten
rötlich, dann gelb, weibliche Blüten
dunkelpurpur, 0,8 cm (rechts). Zapfen
(rechts außen) größer als bei *P. ponderosa,*
bis 20 cm, stark zurückgebogene
Nabeldornen, Zapfen öffnen sich am Zweig,
Samen geflügelt. Dreinadelig, Nadeln (S. 21)
ähnlich *P. ponderosa,* bei Zerreiben starker
Zitronengeruch. Borke glatt, wenige tiefe
Risse, sehr dunkelbraun.

Gebirgs-Strobe

Pinus monticola
Heimisch im westlichen Nordamerika von
Britisch-Kolumbien bis Kalifornien,
frosthart, aber anfällig gegen Blasenrost
und daher nur gelegentlich in Amerika
und Europa angebaut. Höhe 50–60 m,
maximal 70 m, 2 m Stammdurchmesser,
gewöhnlich aber sehr viel kleiner. Blüht
im Juni, männliche Blüten hellgelb in
dichten Büscheln an der Basis von
Jungtrieben, weibliche Blüten rot, 0,5 cm
lang (rechts). Zapfen (rechts außen) werden
bis 25 cm lang, gewöhnlich leicht säbelförmig
und mit Harzflecken bedeckt. In Europa
werden die Zapfen gewöhnlich nur
10–15 cm lang. Fünfnadelig wie alle anderen
blasenrostanfälligen Kiefern, Nadeln (S. 22)
4–10 cm lang, olivgrün, feingezähnt und
fassen sich rauh an. Junge Triebe sind
bräunlich filzig behaart, wodurch die Art
leicht von der Weymouthskiefer *(P. strobus)*
unterschieden werden kann.

Bischofskiefer

Pinus muricata
Heimisch an der Küste von Kalifornien.
In Europa als Zierbaum und vor allem
wegen ihrer Unempfindlichkeit gegen Salz
als Windschutz an Stränden mit mildem
Klima angebaut. Höhe meist um 15 m,
gelegentlich bis 30 m. Blüht im Mai,
männliche Blüten in langen Ähren statt
in gedrängten Büscheln, weibliche Blüten
rötlich, 0,6 cm lang, 3–5 in einem Wirtel
(rechts). Zapfen (rechts außen) 7–8 cm
lang, mit kräftigen Nabeldornen. Die Zapfen
bleiben mindestens 25 Jahre am Baum
und entlassen die geflügelten Samen erst,
wenn sich die Schuppen unter der
Einwirkung von Hitze (Waldbrand) geöffnet
haben. Zweinadelig, Nadel (S. 19) steif,
glänzend und dunkelgrün.

Österreichische
Schwarzkiefer

Pinus nigra ssp. *austriaca*
Heimisch in den Ost- und Südostalpen
und Karpaten zwischen 150 und 300 m
Seehöhe. Frosthart und verbreitet in Gärten
und Parks, gelegentlich auch forstlich
angebaut. Höhe 30–40 m (50 m). Blüht
im Mai, männliche Blüten goldgelb,
weibliche Blüten rot, 0,5 cm lang (rechts).
Zapfen (rechts außen) 4–8 cm lang,
symmetrisch, ungestielt, glänzend hellbraun,
öffnen sich am Zweig. Zwei-, selten
dreinadelig, Nadeln (S. 19) sehr derb,
weniger gedreht und lang als in den
folgenden Unterarten.

158

Krimkiefer

Pinus nigra var. *caramanica*
Heimisch auf dem Balkan, in den
Südkarpaten und auf der Krim sowie im
Kaukasus und Kleinasien. Höhe 20–30 m,
breitkronig. Blüht im Mai, Blüten ähnlich
wie bei der Österreichischen Schwarzkiefer
(rechts). Zapfen (rechts außen) ähnlich
denen der beiden anderen Unterarten,
öffnen sich am Zweig, werden aber meist
bald von Tieren zerstört und sind daher
oft schwer zu finden. Die Abbildung zeigt
unreife Zapfen. Nadeln (S. 19) wie vor,
aber länger als bei ssp. *austriaca* und gerader
als bei ssp. *calabrica*. Die Rinde der
Jungtriebe ist rotgelb.

Korsische Kiefer

Pinus nigra ssp. *calabrica* (= var. *maritima*,
= ssp. *laricio*)
Heimisch in Korsika, Süditalien und Sizilien,
als schnellwachsende und anspruchslose
Baumart bei Aufforstungen in Westeuropa,
vor allem in Großbritannien, auf großen
Flächen verwendet. Auch als Zierbaum
in Parks, Gärten und in Arboreten. Höhe
35–45 m, schmalkroniger und feinastiger
als die vorigen Unterarten. Blüht im Mai,
männliche Blüten gelb, weibliche Blüten
rot, 0,5 cm lang (rechts). Zapfen (rechts
außen) 5–8 cm lang, öffnen sich bei Reife.
Nadeln (S. 19) 8–16 cm lang, etwas gedreht,
länger als bei den vorigen Unterarten.
Benadelung lockerer, nicht so stark büschelig
wie bei ssp. *austriaca*. Die Borke ist auf
S. 218 abgebildet.

Japanische Weißkiefer

Pinus parviflora
Heimisch in den Gebirgen von Japan, als
frostharter und raschwüchsiger Zierbaum
in Parks und Gärten, vor allem in einer
niedrigen, knorrigen Wuchsform bis 10 m.
Die typische Form wächst bis 15–30 m
hoch, Krone breit und dicht, Äste abstehend.
Blüht im Juni, männliche Blüten in langen
Ähren, hellpurpurrot oder später gelb,
weibliche Blüten altrosa, 1,2 cm lang, und
oft zahlreich im Wirtel (rechts). Zapfen
(rechts außen) 5 cm lang, einzeln oder
in Büscheln, fast sitzend, bis 7 Jahre am
Ast bleibend. Fünfnadelig, Nadeln (S. 22)
4–6 cm lang, etwas gedreht, dunkelgrün,
zweifarbig.

Mazedonische Kiefer

Pinus peuce
Heimisch in verschiedenen kleinen Arealen
in Südjugoslawien, Albanien und
Griechenland, in Arboreten und Parks
angebaut. Höhe 10–20 m, maximal 40 m,
tief beastet. Blüht im Juni, männliche Blüten
hellgelb, weibliche Blüten dunkelrot, 1,2 cm
lang (rechts), Zapfen (rechts außen)
8–13 cm lang, harzfleckig, Schuppen öffnen
sich am Baum. Fünfnadelig, Nadeln (S. 22)
ähnlich wie bei *P. strobus*, etwas steifer,
leicht zweifarbig, an Jungtrieben anliegend
(rechts unten).

Seestrandkiefer
Bordeaux-Kiefer

Pinus pinaster
Heimisch im westlichen Mittelmeer bis
1200 m Seehöhe, als anspruchsloser und
schnellwachsender Baum für
Dünenaufforstungen und zur Harzgewinnung
in Westeuropa und Kalifornien angebaut.
Höhe 20–40 m. Blüht im Mai, männliche
Blüten goldgelb, zahlreich, weibliche Blüten
dunkelrot, 1,8 cm lang (rechts), Zapfen
(rechts außen) bis 15 cm lang, spitzkegelig,
glänzend gelbbraun, in zwei- bis
viergliedrigen Quirlen sternartig um Ast
oder Stamm stehend (daher auch
Sternkiefer), nabeldornig, harzig, abwärts
gekrümmt. Zweinadelig, Nadeln (S. 20)
sehr lang, 12–20 cm, an jungen Pflanzen
häufig dreinadelig, Jungtriebe blau bereift.
Borke (S. 219) rotbraun oder dunkelbraun,
tief rissig und plattig abschilfernd.

Pinie

Pinus pinea
Heimisch im gesamten Mittelmeerraum,
wärmebedürftig, gedeiht nicht in
Mitteleuropa. Im Mittelmeergebiet und
Frankreich für Dünen- und
Karstaufforstungen verwendet. Samen
eßbar, roh, geröstet oder gekocht. Höhe
15–30 m, Krone breit und schirmförmig
gewölbt. Blüht im Juni, männliche Blüten
goldgelb, in Büscheln, weibliche Blüten
blaßgelblich-grün, 1,2 cm lang (rechts).
Zapfen 8–15 cm lang, bis 10 cm breit,
nußartige, dickschalige Samen, Zapfenreife
erst im 3. Jahr, Schuppen öffnen sich beim
Trocknen in der Sonne. Zwei-, sehr selten
dreinadelig, Nadeln (S. 20) hellgrün bis
dunkelgrün, leicht gedreht, steif, spitz,
Rand feingezähnt, 10–15 cm lang.
Benadelung oft locker. Rinde (S. 219)
rötlich-braun mit tiefen Rissen, in langen
Platten abschilfernd.

Gelb-Kiefer

Pinus ponderosa
Heimisch im westlichen Nordamerika,
in den Kaskaden und im Felsengebirge
von Britisch-Kolumbien bis Kalifornien
und Mexiko. Nadellänge und Zapfengröße
sehr variabel. Zierbaum in Parks und
Arboreten, forstlicher Anbau außerhalb
ihres Verbreitungsgebietes, vor allem in
Mitteleuropa, nicht sehr erfolgreich. Höhe
bis maximal 70 m. Blüht im Mai, männliche
Blüten rot, 3 cm lang, weibliche ebenfalls
rot (rechts). Zapfen (rechts außen, einige
Nadelbündel entfernt) 8–15 cm lang, reifen
von Purpurrot bis Dunkelbraun, Samen
geflügelt. Dreinadelig, Nadeln (S. 21)
12–25 cm lang, derb, spitz, dunkelgrün,
büschelig an Zweigenden gehäuft. Jungtriebe
bräunlich bis grünlich, nicht bereift. Sehr
dicke Schuppenborke.

Monterey-Kiefer
Radiata-Kiefer

Pinus radiata (Syn. *P. insignis*)
Heimisch in einem Reliktareal an der Küste
Kaliforniens, wichtige Industrieholzart
im Mittelmeergebiet und in Südafrika,
Australien, Neuseeland und Chile.
Raschwüchsig, anspruchslos, aber nicht
winterhart. Höhe 30–45 m, maximal 65 m.
Blüht im April, männliche Blüten leuchtend
gelb in großen Büscheln, weibliche Blüten
dunkelpurpurrot, 1,8 cm lang (rechts).
Zapfen (rechts außen) 7–14 cm lang,
gekrümmt, in Wirteln, bleiben geschlossen
am Ast oder Stamm bis 30 Jahre und
darüber sitzen. Meist dreinadelig, Nadeln
(S. 21) bis 12 cm lang, schmal, scharfspitzig,
auffallend frischgrün.

Amerikanische Rotkiefer

Pinus resinosa
Heimisch im nordöstlichen Nordamerika,
anspruchslos, auf trockenen, felsigen und
sandigen Böden vorkommend und verbreitet
in Aufforstungen, Parks und Gärten
angepflanzt. Höhe 20–30 m. Blüht im Mai,
männliche Blüten dunkelpurpurrot, in
Büscheln, weibliche Blüten (rechts)
rötlich-purpur, 1 cm lang. Zapfen (rechts
außen) 4–6 cm lang, braun, ohne
Nabeldornen, öffnen sich im Herbst des
2. Jahres, Samen geflügelt. Zweinadelig,
Nadeln (S. 20) 12–17 cm lang, dicht stehend,
brechen leicht. Jungtriebe gelblich-rot,
Bruchstellen riechen nach Zitrone. Die
Rinde des Stammes in der Kronenregion
ist orange-rot.

162

Nördliche Pechkiefer

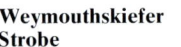

Pinus rigida
Heimisch in den nordöstlichen USA, in
Arboreten angebaut, aber von geringem
Zier- und Holzwert, hat sich in Europa
bei forstlichem Anbau nicht bewährt. Blüht
im Mai, männliche Blüten rot, in Büscheln,
weibliche Blüten hellrot, 1 cm lang, in
Wirteln um den Trieb (rechts). Zapfen
(rechts außen) 3–6 cm lang, können mehrere
Jahre um Zweig oder Stamm verbleiben,
Schuppen mit scharfen Nadeldornen.
Dreinadelig, Nadeln (S. 21) erst hellgrün,
später dunkelgrün, steif und gedreht,
7–14 cm lang, kürzer als bei anderen
dreinadeligen Kiefern. Der Stamm trägt
auffallend büschelig angehäufte Jungtriebe.

Weymouthskiefer
Strobe

Pinus strobus
Heimisch im östlichen Nordamerika,
verbreitet in Mitteleuropa in Forsten, Parks
und Gärten angebaut, jedoch anfällig gegen
Blasenrost. Höhe 25–50 m, kegelförmige
Krone, schlechte Astreinigung. Blüht im
Juni, männlich Blüten gelblich-grün, in
dichten Büscheln, weibliche Blüten
rötlich-grün, 1 cm lang (rechts). Zapfen
(rechts außen) 8–20 cm lang, schmal, reifen
von Grün nach Braun, harzfleckig, ohne
Nabeldornen, Schuppen öffnen sich weit,
Samen geflügelt. Fünfnadelig, Nadeln (S. 22)
nur bis 10 cm lang, stumpfspitzig, blaugrün,
leicht zweifarbig. Jungtriebe gelegentlich
mit kleinen Haarbüscheln unter der Basis
der Kurztriebe (Unterschied zu *P. peuce*
und *P. wallichiana,* deren Nadelansatz
kahl ist). Rinde bleibt lange glatt,
dunkelgrün-grau.

Gemeine Kiefer
Föhre
Forche

Pinus sylvestris
Hat von allen europäischen Baumarten
die größte Verbreitung von Spanien und
Schottland im Westen bis Ostsibirien im
Osten, im Norden bis zur polaren
Waldgrenze, im Süden bis in die Gebirge
des Mittelmeergebietes, des Balkans und
Kleinasiens. In Europa und Amerika als
Zier- und Nutzholzbaum angepflanzt. Höhe
10–40 m, maximal 50 m. Blüht im Mai,
männliche Blüten rund und gelb, in Büscheln
oder vereinzelt, weibliche Blüten rötlich,
0,5 cm lang (rechts). Zapfen 2,5–7 cm
lang, gekrümmt, reifen im 2. Jahr von Grün
nach Braun bis Rotbraun, Nabel zentral
ohne Stachelspitze, bei Reife weit offen.
Samen geflügelt. Zweinadelig, Nadeln (S. 20)
je nach Standort 2–8 cm lang, gedreht,
dunkel bis bläulich-grün, Rinde (S. 219)
des Stammes rotbraun-orange, dünnschuppig
im Kronenbereich und an den Zweigen,
Borke sehr variabel.

Chinesische Tafelkiefer

Pinus tabuliformis
Heimisch in China und Korea, angebaut
in Arboreten, seltener in Parks. Höhe bis
25 m. Blüht im Mai, männliche Blüten
hellgelblich, oval, lange Ähren bildend,
reife Blüten dunkelpurpur, 0,5 cm lang
(rechts). Zapfen (rechts außen) 5–6 cm
lang, reifen von Leuchtendgrün zu Hell-
bis Dunkelbraun, Samenschuppen mit sehr
kleinen Nabeldornen, mehrere Jahre am
Zweig verbleibend. Zwei-, gelegentlich
dreinadelig, Nadeln (S.20) leuchtend grün.
Charakteristisch für die Chinesische
Tafelkiefer sind die waagerecht, mehr oder
weniger in Etagen tafelförmig angeordneten
Zweige.

**Japanische Schwarzkiefer
Kuro-matsu**

Pinus thunbergii
Heimisch in Japan und Korea, vor allem
angebaut zur Rekultivierung von Dünen
und Ödland im Heimatgebiet, außerhalb
in Gärten, Parks und Arboreten. In Japan
wichtig in der Landschaftsgärtnerei und
der Kultur von Zwergbäumen. Höhe je
nach Standort sehr unterschiedlich, bis
40 m. Blüht im Juni, männliche Blüten
rot, später gelb, gebüschelt, weibliche Blüten
purpurrot, 0,5 cm lang (rechts). Zapfen
(rechts außen) 4–6 cm lang, festsitzend
und im Gegensatz zu *P. densiflora* zahlreich,
zuweilen in Dutzenden zusammenstehend,
kleine Nabeldornen. Zweinadelig, Nadeln
(S.20) 6–11 cm lang, kräftig, steif,
scharfspitzig, stechend, etwas gedreht, an
den Triebspitzen gehäuft. Knospen weiß
bis grauweiß.

**Bergkiefer
Spirke**

Pinus uncinata, Synonym *P. mugo* var.
rostrata
Heimisch in den Pyrenäen und Alpen,
angebaut in Gärten, Parks und Arboreten,
auch zur Wiederaufforstung armer Böden.
Höhe bis 25 m. Blüht im Juni, männliche
Blüten hellrot bis gelb, in großen, dichten
Büscheln, weibliche Blüten
dunkelrötlich-purpur, 0,5 cm lang (rechts).
Zapfen 2–5 cm lang, fast sitzend, braun
bis dunkelrot-braun, Nabel mit kurzem,
gebogenem Stachel und schwärzlichem
Ring. Zweinadelig, Nadeln (S.20) steif,
Innenseiten gerieft, hell- bis dunkelgrün,
Knospen stark harzig.

Virginia-Kiefer

Pinus virginiana
Heimisch in den östlichen USA von Georgia bis Pennsylvania. Gelegentlich in Arboreten angebaut, Höhe 15 m, selten bis 25 m, buschig, kurzlebige, anspruchslose Pionierbaumart. Blüht im Mai, männliche Blüten rot, später gelb, weibliche Blüten rötlich-weiß, 0,5 cm lang, ährenartig (rechts). Zapfen (rechts außen) sitzend, fast symmetrisch, 4–7 cm lang, gelegentlich kürzer und mehr eiförmig. Samenschuppen mit 2–3 mm langem Nabeldorn. Zweinadelig, Nadeln (S. 20) 4–7 cm lang, steif, kräftig, gedreht und fein gezähnt. Jungtriebe spiralig gewunden mit typischem violett-grauem Reif. Äste waagerecht in unregelmäßigen Schlangenwindungen.

Tränen-Kiefer
Himalaja-Kiefer

Pinus wallichiana
Heimisch im Himalaja zwischen 1600 und 4000 m. Angebaut als Zierbaum in Parks, Gärten und Friedhöfen. Höhe 30–50 m, Krone pyramidal bis breit, Zweige dünn, schnellwüchsig, aber frostempfindlich. Blüte im Juni, männliche Blüten rötlich-gelb, weibliche Blüten blaßrötlich-grün, blaßpurpurgrün, 2 cm lang (rechts). Zapfen 15–30 cm lang (rechts außen), gewöhnlich in Gruppen, mit tränenartigen Harztropfen. Fünfnadelig, Nadeln (S. 22) 13–20 cm lang, an der Basis gekniet und daher charakteristisch hängend. Rinde orange-braun, gelegentlich rissig und plattig.

Kohuhu

Pittosporum tenuifolium; Familie Pittosporaceae
Immergrüner Baum, heimisch in Neuseeland, angebaut in Gärten und in Gärtnereien zur Schmuckgrüngewinnung. Höhe bis 9 m. Blüht im Mai, Blüten (links außen) 1,8 cm breit, süß duftend, vor allem ab Abend. Frucht (links) 1,2 cm breit, trocknet und schrumpelt während der Reifung. Blätter (S. 27) blaßgrün, glänzend mit welligem Rand. Verschiedene Zuchtformen unterscheiden sich in der Blattfarbe (purpur, gold oder panaschiert).

Gemeine Platane

Platanus acerifolia, Syn. *P.* x *hispanica,
P. hybrida;* Familie Platanaceae
Sommergrüner Baum, wahrscheinlich
Hybride zwischen Orientplatane
(P. orientalis) und Westlicher Platane
(P. occidentalis). In Städten als Straßen-
und Parkbaum angebaut, widerstandsfähig
gegen Luftverschmutzung. Höhe bis über
30 m. Blüht im Mai, männliche und
weibliche Blüten in getrennten Köpfchen,
unscheinbar, weibliche Blütenstände
endständig, rötlich-grün, männliche
Blütenstände achselständig, gelblich-grün
(rechts). 2–4 Fruchtstände an einem Stengel
(rechts außen), 2,5 cm breit, verfärben
im Herbst braun und zerfallen im
Spätwinter. Blätter (S. 46) sehr variabel
hinsichtlich der Tiefe der Einlappung, der
Randzähnung und der Blattgröße.
Herbstfärbung gelb und orange (S. 188
und rechts außen). Die Rinde (S. 219)
glatt, in großen Platten abbrechend und
helle, junge Rinde freilegend.

Orientplatane

Platanus orientalis
Sommergrüner Baum, heimisch im südlichen
Balkan und am Rand des Kaspischen
Meeres. Als Schatten- und Zierbaum in
Europa und im Mittleren Osten, vor allem
an Straßen und auf Plätzen angebaut. In
Westeuropa seltener als die vorige Art.
Blüht im Mai, Blüten (rechts) und
Blütenstände wie bei der vorigen Art, aber
gewöhnlich 3–6 Köpfchen an jedem Stiel
(rechts außen). Blätter (S. 46) tiefer gelappt
mit schmaler Mittelzunge, Rand stärker
gezähnt. Rinde ebenfalls abblätternd, aber
rauher und knotiger.

Chilenischer Podocarpus

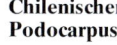

Podocarpus andinus; Familie Podocarpaceae
Immergrüner Baum, heimisch in Chile
und Argentinien. Gelegentlich in Arboreten.
Höhe bis 15 m, auf guten Böden auch
mehr. Blüht im Juni, zweihäusig, männliche
Blüten gelb, 2,5 cm lang, in Büscheln,
weibliche Blüten klein, unscheinbar grün
und endständig (links außen). Frucht (links)
1,8 cm lang, erst grün, reif gelb. Das süße
Fleisch um die steinige Nuß ist eßbar.
Blätter (S. 13) von älteren Bäumen und
Seitenzweigen sind schmal und zugespitzt,
stumpf dunkelgrün oberseits, 2 bläuliche
Längsstreifen unterseits. Die Blätter stehen
allseits vom Trieb ab.

Populus, **Pappel;** Familie Salicaceae
Sommergrüne Bäume mit wechselständigen,
ungeteilten Blättern. Meist zweihäusig,
männliche und weibliche Blüten in Kätzchen.
Früchte kleine Kapseln, Samen mit wolligen
Haarschöpfen.

Weißpappel

Populus alba
Heimisch im westlichen und mittleren
Europa und in Zentralasien, in Europa
und Nordamerika an Straßen, in Parks
und Gärten und in Windschutzstreifen,
vor allem nahe der Küste, angebaut. Höhe
bis 30 m, weniger in windreichen Gebieten.
Blüht im April vor dem Blattausbruch,
männliche Blüten karmesinrot, behaart,
weibliche Blüten grünlich-gelb, beide in
Kätzchen (rechts). Samenflug im Juni.
Blätter (S. 47) gelappt, bei Laubausbruch
weiß-filzig, später glänzend dunkelgrün
oberseits, weiß unterseits. Rinde (rechts
außen) glatt, weißlich oder grau mit
Lenticellen in horizontalen Bändern, später
rauhrissig und dunkel.

Balsam-Pappel

Populus balsamifera
Weitverbreitet im nördlichen Nordamerika,
gelegentlich als Zierbaum und in Arboreten
und zur Züchtung in Europa angebaut.
Höhe bis 30 m, auf guten Standorten
darüber. Blüht im März, männliche Blüten
(rechts) leuchtend rot-gelb, weibliche Blüten
grünlich. Reife Fruchtkätzchen bis 30 cm
lang. Blätter (S. 40) kreisrund oder leicht
herzförmig mit abgerundetem oder
zugespitztem Blattende, dunkelgrün
oberseits, heller unterseits. Bildet
Wurzelbrut. Winterknospen mit dicker
Harzschicht, die nach Balsam riecht. Die
Rinde ist rechts außen abgebildet.

Schwarzpappelhybriden

Populus x *canadensis,*
Synonym *P.* x *euramericana*
Eine Gruppe von Hybriden zwischen der
Europäischen Schwarzpappel *(P. nigra)*
und der Baumwollpappel *(P. deltoides),*
sehr raschwüchsig und gesund, leicht zu
vermehren und verbreitet in Holzplantagen
angebaut. Eine große Anzahl von Klonen
sind im Handel verfügbar, zwei davon
werden im folgenden beschrieben.

Regenerata-Pappel

Populus x *canadensis* 'Regenerata'
Ein weiblicher Klon, der 1814 in Frankreich
entstanden ist und seitdem in Westeuropa
angebaut wird, in Großbritannien auch
entlang von Eisenbahnlinien. Heute wegen
einer bakteriellen Krankheit nur noch wenig
verwendet. Höhe 30 m. Blüten (rechts)
im März und April, Frucht (rechts außen)
reift im Juni, ist jedoch meist steril. Die
Blätter sind auf S. 40 abgebildet.

Robusta-Pappel

Populus x *canadensis* 'Robusta'
Ein männlicher Klon, entstanden Ende
des 19. Jahrhunderts in Frankreich. Sehr
wuchskräftig und gesund, verbreitet in
Westeuropa angebaut als Windschutz,
Straßenbaum, Zierbaum und zur
Holzerzeugung. Höhe 35 m. Blüten (rechts)
leuchtend rot, März, Kätzchen 6 cm lang.
Blätter (S. 40) rotbraun bei Laubausbruch,
bläulich-grün im Sommer.

Graupappel

Populus canescens
Heimisch im südlichen, mittleren und
westlichen Europa, verbreitet als Zierbaum
und Windschutz, vor allem nahe der See
angebaut. Höhe 30 m. Blüht im März,
männliche Blüten (oben rechts) rötlich-grün
und seidig grau, Kätzchen 5–10 cm lang,
weibliche Blüten (rechts) grünlich und
seidig, Kätzchen 2–5 cm lang.
Fruchtkätzchen (rechts außen) 10 cm lang,
Samenflug im Juni. Blätter (S. 40) bei
Laubausbruch filzig weiß, später Oberseite
glatt, Unterseite noch schwach filzig behaart.
Die Graupappel wird auch als Hybride
zwischen Weißpappel *(P. alba)* und
Zitterpappel *(P. tremula)* angesehen. Borke
dunkelgrau-braun und gefurcht, im unteren
Stammteil, im Kronenbereich (S. 219) weiß
mit schwarzen Streifen und Lenticellen.

Baumwoll-Pappel

Populus deltoides
Heimisch im östlichen Nordamerika. In
Europa angebaut entlang von Straßen,
als Windschutz und zur Holzerzeugung,
verwendet für die Züchtung von
Hochleistungssorten. Wichtigster
Pappelholzlieferant in den USA. Höhe
30 m und darüber. Blüht im März,
männliche Blüten (rechts) rot, Kätzchen
5 cm lang, weibliche Blüten grünlich,
Kätzchen bis 10 cm lang. Die Fruchtkätzchen sind Trauben von 20–30 cm
Länge mit etwa 25 kurzgestielten,
dunkelgrünen Fruchtzapfen. Samenflug
im Juni. Blätter (S. 40) mit feinhaarigem
Rand und Drüsen an der Basis der
Blattspreite. Knospen und Blätter duften
stark nach Balsam.

Großzähnige Pappel

Populus grandidentata
Heimisch im östlichen Nordamerika. Höhe
kaum 20 m. Blüht im März, männliche
Blüten rot mit seidigen Haaren, weibliche
Blüten (rechts außen) grünlich, Kätzchen
3–6 cm lang. Fruchtkätzchen 10–15 cm
lang, Fruchtkapseln dünnwandig,
zweiklappig, reifen im Mai oder Juni. Blätter
S. 40) ähnlich wie bei *P. tremuloides*, aber
stärker gezähnt.

Chinesische Halsbandpappel

Populus lasiocarpa
Heimisch im mittleren China und Korea,
angebaut als Kuriosität wegen ihrer sehr
großen Blätter in Arboreten und Parks.
Höhe bis 20 m. Blüten (rechts) April bis
Mai, männliche rötlich, weibliche
gelblich-grün, Kätzchen 10 cm lang.
Kätzchen sind häufig
gemischt-geschlechtlich, Blüten auch
zwitterig. Fruchtkätzchen (rechts außen)
bis 20 cm lang, Samenflug im Juni. Blätter
(S. 42) sehr groß, bis 22 × 35 cm,
Blattstiel rot.

Schwarzpappel

Populus nigra
Die echte Schwarzpappel ist heimisch in
Europa und Westasien, recht selten, aber
die vielen Varietäten und Züchtungen
sind weitverbreitet. Viele hiervon sind
sehr wüchsige Nutzholzbäume, jedoch
oft nicht sehr attraktiv; hiervon werden
zwei im folgenden beschrieben.

Behaarte Schwarzpappel

Populus nigra var. *betulifolia*
Heimisch im nördlichen und mittleren
Europa, angebaut entlang von Straßen,
in Parks und Gärten. Höhe um 30 m. Blüten
im März, männliche (rechts) rot, weibliche
grünlich, Kätzchen 5 cm lang.
Fruchtkätzchen 8 cm lang, Samenflug im
Juni. Blätter (S. 40) mit zur Blattspitze
gebogenen Zähnchen und abgeflachtem
Stiel. Jungtriebe, Blattstiele, Hauptnerven
und Blütenstiele sind filzig behaart im
Gegensatz zur unbehaarten typischen Form.
Rinde (rechts außen) braun, rissig,
charakteristische Wucherungen.

Lombardische Pappel

Populus nigra 'Italica'
Ein männlicher Klon eines Baumes aus
der Lombardei, der im 18. Jahrhundert
durch Stecklinge vermehrt wurde. Verbreitet
in Europa und Nordamerika angebaut.
Höhe 30 m und darüber. Blüten (rechts)
im März bis April, Kätzchen 5 cm lang.
Blätter (S. 40) ähnlich der typischen Form,
auch Blattstiel und Triebe unbehaart. Die
Rinde (rechts außen) grau-braun,
gewöhnlich spannrückig und rissig, oft
mit Wasserreisern besetzt. Die
langgestreckte, säulenartige Wuchsform
ist charakteristisch.

Zitterpappel
Aspe

Populus tremula
Heimisch in Europa, Nordafrika und Asien.
Oft durch Wurzelbrut dichte Gebüsche
bildend. Höhe 30 m. Blüten im Februar,
männliche Kätzchen rötlich mit grauen,
seidigen Haaren, 5–10 cm lang, weibliche
(rechts) ebenfalls grau und seidig.
Fruchtkätzchen (rechts außen) 10–13 cm
lang, Samenflug im Mai. Blätter (S. 40)
fast kreisrund mit gewölbtem Rand, an
Wurzelbrut gelegentlich keilförmig. Blattstiel
seitlich zusammengedrückt, die
Blattspreite bewegt sich beim geringsten
Windhauch. Drüsen am oberen Ende des
Blattstieles verfärben sich im Herbst gelb.
Rinde grau, glatt mit waagerechten Wülsten.

Amerikanische Zitterpappel
Amerikanische Aspe

Populus tremuloides
Größtes Verbreitungsgebiet aller
nordamerikanischen Bäume vom Pazifik
bis Atlantik, von Mexiko bis zur arktischen
Baumgrenze. Gelegentlich in Europa
angepflanzt, verwendet in der Züchtung.
Höhe 30 m und darüber. Blüten im Februar
bis März, männliche Kätzchen rötlich mit
langen, silbrigen Haaren, 5 cm lang,
schmaler als bei *P. tremula;* weibliche
(rechts) ähnlich. Fruchtkätzchen 15 cm
lang, Samenflug im Mai. Blätter (S. 40)
fast kreisrund, Rand feingezähnt, nicht
gewellt. Blattstiel ebenfalls seitlich
zusammengedrückt. Rinde heller und mehr
gelblich als bei *P. tremula,* an jungen
Bäumen waagerechte, dunkle Flecken.

Westliche Balsam-Pappel

Populus trichocarpa
Heimisch im westlichen Nordamerika von
Alaska bis Kalifornien. In Westeuropa
häufig entlang von Straßen, im
Windschutzstreifen und Parks angebaut,
auch zur Züchtung verwendet. Höhe bis
60 m. Blüten im März, männliche Kätzchen
(rechts) kräftig rot, 5 cm lang, weibliche
Kätzchen grünlich. Fruchtkätzchen bis
15 cm lang, dreiklappige, filzige Kapseln,
Samenflug im Juni. Blattgröße (S. 40)
variabel, 5 cm bis 25 cm Länge. Knospen
und junge Blätter duften stark nach Balsam.
Rinde (rechts außen) grünlich-graubraun,
in der Jugend glatt, später flach-rissig.

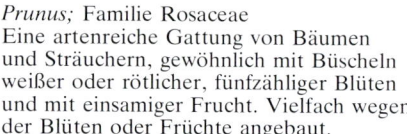

Prunus; Familie Rosaceae
Eine artenreiche Gattung von Bäumen und Sträuchern, gewöhnlich mit Büscheln weißer oder rötlicher, fünfzähliger Blüten und mit einsamiger Frucht. Vielfach wegen der Blüten oder Früchte angebaut.

Prunus 'Accolade'
Eine sehr hübsche Gartenkirsche, vermutlich eine Kreuzung zwischen *P. sargentii* und *P. subhirtella,* kleiner Baum mit ausladender Krone. Blüten (links außen) im März, 4 cm breit, mit 12–15 Blütenblättern. Sommergrün, Blätter (S. 30) tief gezähnt, Herbstfärbung rot und gelb.

Amerikanische Rotpflaume

Prunus americana
Ein sommergrüner Baum oder Strauch, heimisch in den östlichen USA. In vielen Varietäten in den USA als Fruchtbaum angebaut. Höhe bis 9 m. Blüten (oben links) im April, 1,2–2,5 cm breit. Frucht rund, 2,5 cm breit, reift von Gelb nach Leuchtendrot, Fruchtfleisch gelb. Blätter (S. 31) unterseits mit kleinen Büscheln feiner Haare, Blattstiel leicht filzig.

Vogelkirsche

Prunus avium
Sommergrüner Baum, heimisch in Europa. Elter für die meisten kultivierten Kirschensorten in Europa, obwohl die Frucht wegen ihres bitteren Geschmackes kaum eßbar ist. Das rotbraune Holz wird für den Möbelbau und die Herstellung von Musikinstrumenten geschätzt. Blüten (links außen) im April, 2,5 cm breit, in Büscheln auf vorjährigen Trieben. Frucht (links) 2 cm breit, hell- bis dunkelrot, süß oder bitter. Blätter (S. 31) grob-stumpfzähnig, runzelig, Blattstiel rötlich mit 1–2 großen Drüsen, Herbstfärbung gelb und rot. Rinde (links unten) rot-grau bis rot-braun, mit waagerechten Reihen von Lenticellen, unregelmäßig längsrissig, abschilfernd und ringförmig sich ablösende dünne Rindenstreifen.

Prunus avium 'Plena'
Sorte mit gefüllter Blüte, in Gärten und Parks und entlang von Straßen als Zierbaum angebaut. Höhe bis 12 m. Blüht im frühen Mai, Blüten (links außen) gefüllt, 4 cm breit, 30–40 Kronblätter. Fruchtbildung ist selten. Blätter und Rinde sind ähnlich wie bei der typischen Form.

Kirschpflaume

Prunus cerasifera
Sommergrüner Baum, heimisch auf dem
Balkan, in Mittel- und Westeuropa als
Fruchtbaum, Zierbaum und in Hecken
angepflanzt. Höhe 9 m. Blüte (links außen)
2 cm breit, Krone weiß, blüht im März
vor der ähnlichen Schlehe *(P. spinosa).*
Frucht bis 3 cm dick, hängend, hellrot
oder gelblich, fad-säuerlich. Blätter (S. 31)
oberseits glänzend dunkelgrün, unterseits
heller, bis 6 cm lang, gerillter, kahler
Blattstiel.

Rotblättrige Kirschpflaume

Prunus cerasifera 'Pissardii', Syn.
P. cerasifera var. *atropurpurea*
Beliebter und häufiger Zierbaum an Straßen,
in Parks und Gärten. Blüht im März, Blüten
(links) 2 cm breit, blaßrosa, sehr zahlreich,
wenn die Blütenknospen nicht von
Dompfaffen zerstört worden sind, Blätter
rotbraun. Frucht 3 cm breit, dunkelrot
bis purpurrot. Blätter (S. 31) werden im
Herbst dunkelpurpur-rotbraun.

Echte Mandel

Prunus dulcis, Syn. *P. amygdalus,*
P. communis
Kleiner sommergrüner Baum, wahrscheinlich
heimisch in Südwestasien und im Balkan,
wegen seiner attraktiven Blüten und eßbaren
Nüsse verbreitet in Europa, USA, Australien
und Südafrika angebaut. Höhe bis 10 m.
Blüht im März bis April, Blüten (links
außen) rosa oder weiß, bis 5 cm breit.
Steinfrucht eiförmig, bis 6 cm lang, filzig
mit saftlosem Fleisch, später aufspringend,
Steinkern grubig. Blätter lanzettlich,
oberseits drüsig.

Prunus 'Hillieri'
Sommergrüne Zierkirsche. Höhe bis 10 m.
Blüht im April, Blüten (links) 3 cm breit
auf langen Stielen (in Abb. noch nicht
entwickelt). Blätter (S. 31) doppelt gezähnt,
in der Jugend rotbraun. *Prunus* 'Spire'
stammt aus der gleichen Kreuzung und
hat ähnliche Blüten, aber eine enge Krone,
etwa 3 m breit an der Kronenbasis und
8 m hoch.

Hülsenblättrige Kirsche

Prunus ilicifolia
Immergrüner Baum oder Strauch, heimisch
in Kalifornien, angebaut als Zierbaum
im westlichen und südlichen Europa. Höhe
bis 10 m. Blüht in Kalifornien im Mai,
in Westeuropa später. Blüte (links außen)
0,8 cm breit, in gestielten Ähren 4–8 cm
lang. Frucht (links) 1,2 cm breit,
scharfspitzig, reift von Grün über Rot nach
Dunkelpurpurrot im November und
Dezember. Blätter (S. 36) ähneln der Hülse
(Ilex aquifolium), glänzend dunkelgrün
mit stechenden, scharfspitzigen Zähnchen.

Lorbeerkirsche

Prunus laurocerasus
Immergrüner Strauch, heimisch im östlichen
Europa im Gebiet des Kaspischen Meers,
seit dem 16. Jahrhundert als Zierpflanze
in ganz Europa angebaut. Höhe bis über
6 m. Blüht im April, Blüte 0,8 cm breit,
in 7–13 cm langen Ähren (links außen).
Frucht (links) 1,2 cm lang, reift von Grün
über Rot nach Schwarz im September.
Blätter (S. 26) glänzend grün, ledrig, mit
wenigen kleinen Zähnchen am Rand. Viele
Varietäten sind im Handel, die sich in
Wuchsform, Blattgrößen und -farben
unterscheiden.

Portugiesische Lorbeerkirsche

Prunus lusitanica
Immergrüner Strauch, heimisch in Spanien
und Portugal, in fast ganz Europa als
Zierstrauch in Gärten angebaut. Höhe
6–12 m. Blüht im Juni, Blüten (links außen)
zahlreich, 1,2 cm breit, in 15–25 cm langen
Ähren. Frucht (links) eiförmig, 0,8 cm
lang, reift dunkelpurpurrot im Oktober.
Blätter (S. 26) kleiner, weicher und dünner
als bei der Lorbeerkirsche *(P. laurocerasus)*,
oberseits glänzend grün, feingezähnt.

Mandschurische Kirsche

Prunus maackii
Sommergrüner Baum, heimisch in der
Mandschurei, in Korea und im angrenzenden
Rußland, als Zierbaum in Gärten angebaut.
Blüht im Mai, duftende Blüte (links außen)
1,2 cm breit, in 5–8 cm langen Ähren.
Blätter (S. 31) unterseits mit kleinen
Flecken, filziger Blattstiel. Rinde (S. 219)
glänzend braun oder goldbraun, löst sich
in papierdünnen Streifen ab.

Steinweichsel

Prunus mahaleb
Sommergrüner Baum, heimisch in Mittel
und Südeuropa, wegen seiner Blüten in
Gärten angebaut, eingeführt im östlichen
Nordamerika. Höhe bis 12 m. Blüht im
April bis Mai, duftende Blüte (links) 1,2 cm
breit in aufrechten, 5–12 cm langen
Trauben. Frucht erbsengroß, erst gelblich,
dann rot, zuletzt im September schwarz,
sehr herb. Blätter (S. 31) klein, eiförmig,
Hauptnerven unterseits behaart, Blattstiel
ohne Drüsen.

Traubenkirsche

Prunus padus
Sommergrüner Baum oder Strauch, heimisch
in Europa und Asien. Oft an Straßen, in
Gärten und Parks angebaut. Höhe bis 15 m.
Blüht im Mai, Blüte (links außen) duftend,
1,2 cm breit, in 7–15 cm langen Trauben.
Frucht (links) 0,6 cm breit, schwarz,
Geschmack bitter, verwendet zum Würzen
von Spirituosen. Reife im Juli bis August.
Blätter (S. 31) feingezähnt mit zottiger
Behaarung an den Blattrippen, Blattstiel
drüsig. Rinde glatt, dunkelgrau-braun und
unangenehm riechend. Beliebte Sorten
für Gärten und Straßenbepflanzung sind:
P. padus 'Plena', mit größeren, gefüllten
Blüten, die länger halten.
P. padus 'Watereri', Blütentrauben bis
20 cm lang, Blätter unterseits mit auffälligen
Haarbüscheln.

Pennsylvanische Wildkirsche

Prunus pennsylvanica
Sommergrüner Baum, heimisch im
nördlichen Nordamerika von der
Atlantikküste bis zum Felsengebirge.
Kurzlebiger Pionier ('Fire Cherry'), bildet
einen Vorwald als Schutz für andere,
empfindlichere Baumarten. Höhe bis 12 m.
Blüht im April bis Mai, Blüten (links außen)
1,2 cm breit. Frucht rund, 0,6 cm groß,
reift rot. Die Blätter (S. 25) feingezähnt,
Blattstiel kahl.

Pfirsich

Prunus persica
Sommergrüner Baum, vermutlich
ursprünglich in China heimisch, aber seit
dem Altertum weitverbreitet in Asien und
Europa, später auch in Nordamerika und
der südlichen Hemisphäre angebaut. Höhe
3–9 m. Blüht im April vor Laubausbruch,
Blüte (links) 3–4 cm breit, trüb-rosa. Frucht
kugelig, samtartig filzig, gelbfleischig, Stein
gefurcht und hart. Blätter (S. 25) lanzettlich,
allmählich zugespitzt, 8–15 cm lang,
kurzgestielt.

Sargent-Kirsche

Prunus sargentii
Sommergrüner Baum, heimisch im
nördlichen Japan und in Sachalin, angebaut
an Straßen und in Parks und Gärten in
Europa und Nordamerika. Höhe bis 25 m.
Blüht im April, Blüten (links außen) 3–4 cm
breit, in dichtstehenden Paaren. Frucht
rund, 0,8 cm weit, schwarz, vereinzelt.
Blätter (S. 31) mit langer, schmaler
Blattspitze, grobzähnig, drüsig an der
Blattbasis. Herbstfärbung auffallend
leuchtend orange und rot, schon Ende
September, vor anderen Bäumen (links).

Schwarze Traubenkirsche

Prunus serotina
Sommergrüner Baum, heimisch in
Nordamerika, die Frucht wurde verwendet,
um Weinbrand und Rum zu würzen, das
Holz zur Möbelherstellung. In Europa
in Gärten und Parks, forstlich als biologisch
günstige Mischbaumart angebaut, verwildert
aber leicht und kann zum lästigen
Forstunkraut werden. Höhe bis 30 m. Blüht
im Mai bis Juni, Blüte (links außen) 0,8 cm
breit, in 10–15 cm langen Trauben. Frucht
(links) 0,8 cm breit, reift im September
schwarz. Blätter (S. 31) oberseits dunkelgrün
und glänzend, unterseits heller mit zottiger
Behaarung an der Mittelrippe, Blattstiel
1–2,5 cm lang mit unregelmäßigen Drüsen.
Die Rinde duftet kräftig bitter,
braunschwarz, schuppig.

Tibetanische Kirsche

Prunus serrula
Sommergrüner Baum, heimisch im
westlichen China, angebaut in Gärten und
Parks wegen der dekorativen Rinde. Höhe
bis 15 m. Blüht im April, Blüte (links außen)
1,6 cm breit, in Büscheln von 2–3. Frucht
rot, oval, 1,2 cm lang. Blätter (S. 25) schmal
und feingezähnt. Rinde (links) glänzend
rotbraun, schält in dünnen Streifen ab.

Japanische Kirsche

Prunus serrulata
Vermutlich ursprünglich in China heimisch,
in Japan angebaut, heute nicht sehr häufig.
In Japan sind viele verschiedene Sorten
mit dekorativen Blüten erzeugt worden,
die gewöhnlich unter dem Artnamen
P. serrulata laufen, obwohl ihre Abstammung
unklar ist. Der japanische Name für diese
Gruppe ist Sato Zakura – Einheimische
Kirsche. Einige hiervon werden im folgenden
beschrieben:

Prunus 'Amanogawa'
Ein sehr schmalkroniger, sommergrüner
Baum bis 8 m hoch, ideal für kleine Gärten.
Blüht im April, die duftenden Blüten (links
außen) sind 2,5 cm breit, 9 Kronblätter.
Blätter (S. 30) sind rotbraun bei der
Blattentfaltung, im Herbst gelb.

Prunus 'Hokusai'
Sommergrüner Baum, bis 8 m hoch. Blüht
im April bis Mai, Blüten (links) 5 cm breit
mit 12 Kronblättern. Blätter (S. 30) rotbraun
bei der Entfaltung, dann grün, im Herbst
orange und rot.

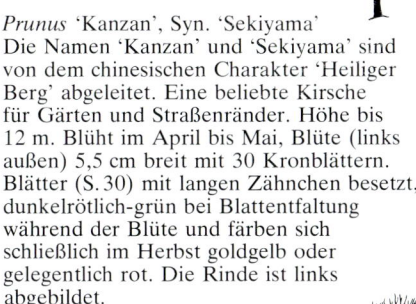

Prunus 'Kanzan', Syn. 'Sekiyama'
Die Namen 'Kanzan' und 'Sekiyama' sind
von dem chinesischen Charakter 'Heiliger
Berg' abgeleitet. Eine beliebte Kirsche
für Gärten und Straßenränder. Höhe bis
12 m. Blüht im April bis Mai, Blüte (links
außen) 5,5 cm breit mit 30 Kronblättern.
Blätter (S. 30) mit langen Zähnchen besetzt,
dunkelrötlich-grün bei Blattentfaltung
während der Blüte und färben sich
schließlich im Herbst goldgelb oder
gelegentlich rot. Die Rinde ist links
abgebildet.

Prunus 'Mikurama-gaeshi'
Kleiner, sommergrüner Baum, wegen seiner
aufrechten Beastung und schmalen Krone
geeignet für kleine Gärten und für Hecken.
Blüht Mitte April, Blüte (links außen)
hat einen leichten Apfelgeruch, 5 cm breit,
gewöhnlich einzeln, 5 Kronblätter, Zweige
sonst kahl. Blätter (S. 30) mit kurzen
Zähnchen, zuerst rotbraun, dann grün
und schließlich dunkelrot und gelb im
Herbst.

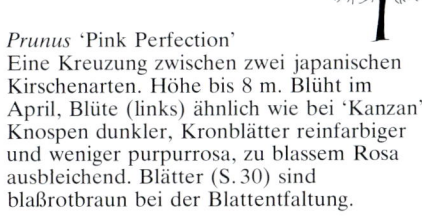

Prunus 'Pink Perfection'
Eine Kreuzung zwischen zwei japanischen
Kirschenarten. Höhe bis 8 m. Blüht im
April, Blüte (links) ähnlich wie bei 'Kanzan',
Knospen dunkler, Kronblätter reinfarbiger
und weniger purpurrosa, zu blassem Rosa
ausbleichend. Blätter (S. 30) sind
blaßrotbraun bei der Blattentfaltung.

Prunus 'Shirofugen'
Sommergrüner Baum, Höhe bis 8 m. Blüht
im Mai, Blüten 5 cm breit (links außen),
etwa 30 Kronblätter, zuerst rosa, im Verlauf
der Blüte rosaweiß ausbleichend. Blätter
(S. 30) purpurrot-braun mit rotem Blattstiel
bei der Blattentfaltung, dunkelkupferbraun
im Herbst.

Prunus 'Shirotae'
Ein sommergrüner Baum, bis 9 m hoch.
Blüht im April, Blüten (links) halbgefüllt,
5 cm breit, leicht duftend. Blätter (S. 30)
bei der Blattentfaltung blaßgrün, Blattrand
mit Zähnchen mit langen, aalförmigen
Spitzen.

Große Weißkirsche

Prunus 'Tai-Haku'
Sehr alte japanische Kirschsorte, die fast ausgestorben war, aber jetzt wieder von einem einzelnen Baum in Sussex vermehrt worden ist. Blüht im April, Blüte (links außen) einzeln, bis 6 cm breit. Blätter (S. 30) rotbraun in der Jugend, grün im Sommer, gelb und orange im Herbst. Der Blattrand ist mit Zähnen besetzt.

Prunus 'Ukon'
Ein sommergrüner Baum, beliebt wegen seiner ungewöhnlichen Blüten (links) mit einer hellgrünen bis gelblich-grünen Farbe. Blüten halbgefüllt, 5 cm breit, öffnen sich Ende April. Blätter (S. 30) zuerst rotbraun-grün und rot, purpurbraun im Herbst.

Schlehe

Prunus spinosa
Sommergrüner, dorniger Busch oder kleiner Baum, heimisch in Europa und Nordasien, angebaut und verwildert im östlichen Nordamerika. Die Früchte werden zur Herstellung von Schlehenschnaps, das zähe Holz wurde früher in der Landwirtschaft verwendet. Höhe bis 5 m als Busch, bis 6 m als kleiner Baum. Blüht im März bis April vor Laubausbruch, Blüte (links außen) 1,2 cm breit, reinweiß. Frucht (links) 1,2 cm breit, säuerlich. Blätter (S. 31) klein, spitzsägezähnig, Mittelrippe unterseits behaart. Zweige mit harten und spitzen Dornen.

Japanische Frühlingskirsche

Prunus subhirtella
Sommergrüner Baum, heimisch in Japan, angebaut in Gärten und Parks. Höhe bis 9 m. Blüht im März bis April, Blüte (links außen) 1,8 cm breit. Frucht schwarz, rund, 0,8 cm breit. Blätter (S. 31) unregelmäßig gezähnt, Mittelrippe unterseits und Blattstiel filzig behaart.
P. subhirtella 'Autumnalis', **Japanische Herbstkirsche**
Halbgefüllte, rosa Blüten, Blüte im November und Dezember, gelegentlich auch im Frühjahr.

Virginia-Kirsche

Prunus virginiana
Sommergrüner Baum oder Strauch, heimisch in den östlichen und mittleren USA, gelegentlich angebaut und verwildert in Mittel- und Westeuropa. Höhe bis 5 m. Blüht im Mai, Blüte (links) 0,8 cm breit, in 8–15 cm langen Trauben. Frucht rund, rot, 0,8 cm breit. Blätter (S. 31) mit auffälligen Haarbüscheln in den Achseln der Blattrippen.

Yoshino-Kirsche

Prunus x *yedoensis*
Sommergrüner Baum, vermutlich eine
Kreuzung zwischen der Frühlingskirsche
(*P. subhirtella*) und der Oshima-Kirsche
(*P. speciosa*). Häufig in japanischen Städten,
in Nordamerika und in Europa angebaut.
Höhe bis 15 m. Blüht im März bis April,
duftende Blüte (links außen) 2,5 cm breit,
hellrosa oder weiß, Blütenstiel rot. Frucht
(links) 1cm breit, reift schwarz im August,
Geschmack bitter. Blätter (S.30)
doppelsägezähnig, oberseits glänzend,
unterseits an den Blattrippen behaart.

Pseudotsuga, **Douglasie;** Familie Pinaceae
Immergrüne Nadelbäume, Nadeln flach,
nach der Basis zu etwas schmaler werdend,
Blattnarbe quer-elliptisch auf niedrigem
Polster. Deckschuppe dreispitzig und weit
über die Samenschuppe hervorragend.

Großzapfige Douglasie

Pseudotsuga macrocarpa,
Syn. *P. douglasii* var. *macrocarpa*
Heimisch in Kalifornien, gelegentlich in
Gärten und Arboreten angepflanzt. Höhe
10–30 m. Blüht im April, männliche Blüten
gelblich, 1,2 cm lang, weibliche Blüten
rötlich-grün, 5 cm lang (rechts). Zapfen
10–17 cm lang, 5–8 cm dick. Die
dreizackigen Deckschuppen ragen nur wenig
über die Samenschuppen hinaus. Nadeln
(S.16) leicht gebogen, matt-blau-grün,
unterseits zwei weiße Längsstreifen,
an unteren Zweigen gescheitelt. Rinde (rechts
außen) blaugrau mit weiten, rötlich-braunen
Rissen.

Küsten-Douglasie
Grüne Douglasie

Pseudotsuga menziesii,
Syn. *P. douglasii,*
P. taxifolia
Heimisch im westlichen Nordamerika,
von Britisch-Kolumbien bis Kalifornien
und Neumexiko. In Gärten, Parks und
Forsten in Europa angebaut. Bedeutende
Nutzholzart. Höhe 60–90 m, maximal über
100 m. Blüht im März bis April, männliche
Blüten gelb an der Unterseite der Triebe,
weibliche Blüten gelblich-grün oder
rötlich-grün an den Enden vorjähriger
Triebe, 1,8 cm lang (rechts), Deckschuppen
weit über Samenschuppen herausragend
(rechts außen), Samenschuppe bei der
Reife braun und klaffend. Nadeln (S.16)
gescheitelt oder nach allen Seiten abstehend,
sehr dicht bis sehr locker, unterseits 2
Stomatareihen, bei Zerreiben aromatischer,
zitronenartiger Geruch. Rinde an alten
Bäumen stark borkig, dunkelrot-braun,
rauh mit tiefen, weiten Rissen.

Graue Douglasie

Pseudotsuga menziesii var. *glauca,*
Syn. *P. douglasii* var. *glauca*
Diese auch als Unterart angesehene Varietät
ist heimisch in den kontinentalen östlichen
Felsengebirgen von Montana bis Mexiko,
gelegentlich in Arboreten angebaut. Höhe
25–40 m, blüht im März bis April,
männliche Blüten (rechts) stumpf-rötlich,
0,8 cm, weibliche Blüten dunkelrot, 1,8 cm.
Zapfen (rechts außen) bis 8 cm lang,
dreispitzige Deckschuppen nach außen
gekrümmt. Nadeln (S. 16) blau-grün, bereift,
nicht glänzend, 1,5–2,5 cm lang, wenig
aromatisch. Rinde dunkelgrau-braun und
schuppig.

Hopfenbaum

Ptelea trifoliata; Familie Rutaceae
Sommergrüner Baum, heimisch im südlichen
Kanada und in den östlichen USA, in
Europa in Gärten angepflanzt, gelegentlich
verwildert. Höhe bis 8 m, oft buschig. Blüht
im Juni bis Juli, Blüte (links außen) grünlich
bis reinweiß, 0,8 cm breit, in 5–8 cm breiten
Dolden. Frucht (links) bis 3 cm breit, reift
zu einer hellen Strohfarbe. Blätter (S. 50)
mit 3 Fiederblättchen. Blätter, Rinde und
unreife Früchte sind bei Zerreiben stark
aromatisch.

Kaukasische Flügelnuß

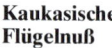

Pterocarya fraxinifolia; Familie Juglandaceae
Sommergrüner Baum, heimisch im Kaukasus
und nördlichen Iran, gelegentlich als Zier-
oder Nutzholzbaum in Europa angepflanzt.
Höhe bis 30 m, Stamm oft sehr abholzig.
Blüht im April, männliche Kätzchen
7–15 cm lang, dicht und grün, weibliche
Kätzchen 8–13 cm lang, locker, Griffel
rot (links). Frucht (rechts außen)
unsymmetrische, geflügelte Nuß, 1,8 cm
breit, an 30–50 cm langen Kätzchen.
Wechselständige, gefiederte Blätter (S. 54)
20–60 cm lang, 7–27 sitzende Blättchen,
oberseits glänzend dunkelgrün und kahl,
unterseits mattgrün, weiße Sternhaare in
den Achseln. Hauptblattstiel kahl und
rund.

Flügelnuß-Hybride

Pterocarya x *rehderiana*
Eine Kreuzung zwischen der Kaukasischen
Flügelnuß *(P. fraxinifolia)* und der
Chinesischen Flügelnuß *(P. stenoptera),*
Ende des 19. Jahrhunderts in den USA
entstanden. Sommergrüner Baum, Höhe
25 m. Blüht April bis Mai, männliche
Kätzchen dicht, 8 cm lang, weibliche
Kätzchen locker (rechts), Fruchtstände
(rechts außen) wie bei *P. fraxinifolia,* die
Früchte etwas kleiner. Blätter (S. 54) mit
5-25 Blättchen, Hauptblattstiel mit schmalen
Flügeln (der chinesische Elter hat kräftig
geflügelte Hauptblattstiele).

Pyrus, **Birne;** Familie Rosaceae
Sommergrüne Bäume mit einfachen,
gezähnten Blättern, charakteristisch
geformten Früchten mit grießig-körnigem
Fruchtfleisch.

Mandelblättrige Birne

Pyrus amygdaliformis
Heimisch im südlichen Europa, vor allem
im Mittelmeergebiet, gelegentlich als
Zierbaum in anderen Teilen Europas
angebaut. Höhe bis 12 m, auch buschig.
Blüht im April, Blüten (links außen) 2,5 cm
breit, in Büscheln zu 8–12, gelegentlich
mehr. Früchte (links) mehr kugelig als
birnenförmig, 2,5 cm breit, reifen
gelblich-braun im Oktober. Blätter sehr
variabel, gewöhnlich schmal, 3–6 cm lang,
1–2 cm breit, anfangs mit hellen Härchen,
später kahl und glänzend an der Oberseite,
Unterseite fast haarlos.

Gemeine Birne

Pyrus communis
Vermutlich eine Kreuzung zwischen
Zuchtsorten und Wildarten. Verwildert
in fast ganz Europa, in vielen Sorten in
Obstgärten und Gärten angebaut. Höhe
10–15 m. Blüht im April bis Mai, Blüte
(links außen) 2,5–4 cm breit, in Büscheln,
Frucht (links) charakteristisch birnenförmig,
bis über 10 cm lang, reift im Herbst gelb,
gelbgrün bis rot, Fruchtfleisch süß. Blätter
(S. 37) ebenfalls variabel, meist mehr oder
weniger oval, in der Jugend gelegentlich
behaart, später kahl. Rinde (S. 219)
dunkelbraun und kleinschuppig.

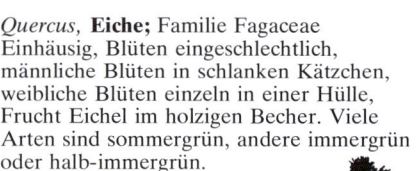

Quercus, **Eiche;** Familie Fagaceae
Einhäusig, Blüten eingeschlechtlich,
männliche Blüten in schlanken Kätzchen,
weibliche Blüten einzeln in einer Hülle,
Frucht Eichel im holzigen Becher. Viele
Arten sind sommergrün, andere immergrün
oder halb-immergrün.

Weidenblättrige Birne

Pyrus salicifolia
Heimisch im Kaukasus und in Kleinasien,
südlich und südwestlich des Kaspischen
Meeres. Als Zierbaum in Europa in Gärten
angepflanzt. Höhe um 6 m. Blüht im April,
Blüten (links außen) 1,8 cm breit. Frucht
um 2,5 cm lang (links), nicht sehr
schmackhaft. Blätter (S. 24) anfangs seidig
behaart, später oberseits dunkelgrün und
kahl (vgl. die beiden Abbildungen links).
Die mehr hängende *P. salicifolia* 'Pendula'
wird häufig angebaut.

**Kalifornische Immergrüne Eiche
Encina**

Quercus agrifolia
Immergrün, heimisch in Kalifornien,
außerhalb nur in Arboreten. Höhe bis
25 m, oft buschig und niedrig mit niedrig
liegenden Zweigen. Blüht im Mai bei
Laubausbruch (rechts). Die sitzenden oder
fast sitzenden Eicheln sind konisch, 3,5 cm
lang, oft vom Becher bis zur Hälfte
umschlossen (rechts außen), reifen im
gleichen Jahr und fallen im Oktober ab.
Blätter (S. 29) 2,5–5 cm lang, oberseits
glänzend, dunkelgrün, unterseits mit
Büscheln feiner Härchen in den
Nervenachseln.

Weißeiche

Quercus alba
Sommergrün, heimisch im mittleren und
östlichen Nordamerika. Das Holz wird
im Schiffbau, Möbelbau und für
Eisenbahnschwellen und Fässer verwendet.
Höhe 20–35 m im Tiefland, buschig im
Bergland. Blüht mit Blattausbruch im Mai
(rechts). Die Eicheln (rechts außen) 1,8 cm
lang, gewöhnlich sitzend, auch gestielt,
fallen im Oktober des 1. Jahres ab. Blätter
(S. 48) 12–23 cm lang, oberseits glänzend
dunkelgrün, unterseits anfangs filzig behaart.
Farbe bei Laubausbruch Violett-Grün,
Herbstfärbung dunkelrot, Blätter bleiben
oft den ganzen Winter über am Baum.

Sumpf-Weißeiche

Quercus bicolor
Laubabwerfend, heimisch in den
südöstlichen USA. Das Holz wird als
Bauholz, Möbelholz, Eisenbahnschwellen
und im Zaunbau verwendet. Höhe bis
25 m. Eicheln (rechts) 2,5 cm lang, etwa
zu einem Drittel bis zur Hälfte vom Becher
umschlossen. Sie reifen in einem Jahr und
fallen im Oktober. Blätter (S. 49) 7–18 cm
lang, oberseits dunkelgrün, unterseits filzig
behaart. Die Astrinde schält sich
platanenartig ab.

Mirbecks Eiche
Algerische Eiche

Quercus canariensis, Syn. *Q. mirbeckii*
Sommergrün, heimisch im nördlichen Afrika
und Spanien. Höhe bis 35 m. Eicheln (rechts
außen) 2,5 cm lang. Blätter (S. 49) 9–15 cm
lang, unterseits auf der Mittelrippe
wollig-haarig, vor allem nahe der Blattbasis.
Die Blätter bleiben bis tief in den Winter
am Baum.

Kastanienblättrige Eiche

Quercus castaneifolia
Sommergrün, heimisch in den Wäldern
südlich und südwestlich des Kaspischen
Meeres. Ein sehr auffallender, schöner
Baum, trotzdem selten in Arboreten. Höhe
bis 30 m. Blüht bei Laubausbruch April
bis Mai (rechts), die weiblichen Blüten
sind in den Endachseln der Jungtriebe
zu erkennen. Die Eicheln (rechts außen)
reifen im 2. Jahr und fallen im Oktober
ab, 2,5 cm lang. Blätter (S. 26) 7–19 cm
lang, oberseits glänzend dunkelgrün,
unterseits stumpf, grau und behaart.

Zerreiche

Quercus cerris
Sommergrün, heimisch im südlichen und
mittleren Europa und Südostfrankreich
durch Alpen und Apenninen bis zu den
Karpaten. Häufig gepflanzt in Gärten,
Parks, Arboreten und entlang von Straßen,
verwildert leicht. Höhe 40 m. Das Holz
hat geringen Wert. Blüht im Mai, die
weiblichen Blüten in den Blattachseln an
der Triebspitze. Eicheln (rechts außen)
haben große, wollige Becher und fallen
im Oktober ab, 2,5 cm lang. Blätter (S. 49)
6–13 cm lang, Ober- und Unterseite behaart,
Größe und Form sehr variabel. Die Rinde
ist auf S. 219 dargestellt.

Immergrüne Canyon-Eiche

Quercus chrysolepis
Immergrün, heimisch im westlichen
Nordamerika von Oregon entlang den
Küstengebirgen bis 2800 m Seehöhe bis
nach Südkalifornien verbreitet. Das Holz
wurde in der Landwirtschaft verwendet.
Selten in Arboreten. Kleiner Baum oder
Strauch, nur ausnahmsweise mehr als 18 m
hoch. Kronen bis 45 m breit. Blüht im
Mai, die weiblichen Blüten in den Achseln
junger Blätter (rechts). Die Eicheln (rechts
außen), noch unreif, werden bis 4 cm lang.
Die Blätter sind glattrandig wie im Bild
rechts oder stechpalmenähnlich wie im
Bild rechts außen (S. 24). Blattlänge
2,5–9 cm.

Scharlacheiche

Quercus coccinea
Sommergrün, heimisch in den nordöstlichen
USA bis 1500 m Seehöhe. Verbreitet in
Gärten und Parks wegen der eindrucksvollen
Herbstfärbung angebaut. Höhe bis 30 m.
Blüht (rechts) im Mai mit dem Ausbruch
der leuchtendgelben Blätter, weibliche
Blüten in den Achseln junger Blätter. Die
Eicheln (rechts außen), etwa 2 cm lang,
reifen im Oktober. Blätter (S. 48) sind
oberseits kräftiggrün, unterseits blaßgrün
während des ganzen Sommers, verfärben
sich leuchtend rot etwa 6 Wochen vor
Blattabfall (S. 188). Blattlänge 7–15 cm.

Daimio-Eiche

Quercus dentata
Sommergrün, heimisch in Japan, Korea
und China, gelegentlich in Arboreten. Höhe
bis 25 m. Blüht im Mai, Eicheln (rechts)
1,2–1,8 cm lang, zur Hälfte im Becher,
der mit großen, lanzettlichen, behaarten,
nach außen gebogenen Schuppen bedeckt
ist. Samenfall im Oktober. Blätter (S. 49)
werden im Herbst braun und bleiben
während des Winters oft am Baum, sehr
groß, bis über 30 cm lang, beidseitig zuerst
behaart, später oberseits glatt.

Ungarische Eiche

Quercus frainetto
Sommergrün, heimisch im südlichen Italien,
auf dem Balkan und in Rumänien, leicht
anzubauen. Höhe bis 30 m. Blüht im Mai,
Eicheln (rechts außen) 1,2–2 cm lang,
fallen im Oktober ab. Blätter (S. 49) bis
20 cm lang, oberseits im Sommer
dunkelgrün, unterseits haarig und auch
grün.

Lucombe-Eiche

Quercus x *hispanica* 'Lucombeana'
Eine natürliche Kreuzung zwischen
Q. cerris und *Q. suber* in Südeuropa, in
vielen Gärten und Arboreten angebaut.
Halb-immergrün, im Herbst werden die
Blätter zum Teil braun, bleiben aber bis
zum folgenden Laubausbruch am Baum,
außer in extrem kalten Wintern. Höhe
bis 30 m. Blüten (rechts) Ende Mai. Die
weiblichen Blüten in den Blattachseln an
der Spitze der Jungtriebe. Die Eicheln
(rechts außen) reifen im 2. Jahr. Blätter
(S. 48 und rechts mit braunrandigen Blättern
des Vorjahres) 5–13 cm lang, oberseits
glänzend grün, unterseits grau-filzig. Die
Borke kann mehr oder weniger korkig
sein und der von *Q. suber* ähneln.

Stechpalmen-Eiche

Quercus ilex
Immergrün, heimisch und charakteristisch
für die Mittelmeerregion, häufig in Parks,
Gärten und an Straßen. Die dichte und
breite Krone macht den Baum sehr
wirkungsvoll. Läßt sich gut beschneiden.
Das harte und dauerhafte Holz wird in
der Stellmacherei verwendet, auch für
Rebpfähle und Holzkohle. Höhe bis 30 m,
breitkronig. Blüten (rechts) erscheinen
bei Laubausbruch, weibliche Blüten in
den Achseln der neuen Blätter. Die Eicheln
(rechts außen), bis 1,8 cm lang, fallen im
Oktober ab, nicht selten als starke Mast.
Die Blätter (S. 29) sind sehr unterschiedlich
in der Größe, 3,5–8 cm lang, am Rand
spitz gezähnt oder glatt. Junge Blätter
sind beidseitig behaart, ältere Blätter
oberseits glänzend dunkelgrün. Die Rinde
(S. 219) ist fast schwarz und bricht
klein-quadratisch auf.

Spindel-Eiche

Quercus imbricaria
Laubabwerfend, heimisch in den mittleren
und östlichen USA auf fruchtbaren
Hangböden, feuchten Talböden.
Gelegentlich als Zierbaum in Nordamerika
angepflanzt, selten in Arboreten in Europa.
Früher wurde das Holz für die Herstellung
von Dachschindeln benutzt. Kleiner Baum
bis 15 m, selten 25 m hoch. Blüten (rechts)
erscheinen im Mai bis Juni bei
Laubausbruch, die weiblichen Blüten in
den Blattachseln des Jungtriebes. Die
Eicheln (rechts außen, noch unreif) werden
bis 1,5 cm lang, mehr oder weniger kugelig.
Die jungen Blätter haben eine sehr schöne
gelbe Farbe bis Juni, das reife Blatt (S. 28)
ist 10–18 cm lang, gewöhnlich glattrandig,
aber gelegentlich dreilappig nahe der
Blattbasis.

Kalifornische Schwarzeiche

Quercus kelloggii
Sommergrün, heimisch in den Tälern und Küstengebirgen Kaliforniens und Oregons bis 2000 m Seehöhe. In Arboreten auch in Europa angebaut. Die Eicheln dienten früher den Indianern als ein Hauptnahrungsmittel, das Holz als Brennholz. Höhe bis 27 m. Blüht (rechts) im Mai bei Laubausbruch, die weiblichen Blüten in den Blattachseln. Die Eicheln (rechts außen) sind 4 cm lang und liegen tief im Becher, reifen im 2. Jahr und fallen im Oktober ab. Blätter (S. 48) 7–15 cm lang, oberseits glänzend-dunkelgrün, unterseits heller.

Lorbeer-Eiche

Quercus laurifolia
Halb-immergrün, heimisch in einem breiten Streifen entlang der Südküste von Nordamerika, sonst selten und nur in Arboreten angebaut. Höhe bis 30 m. Blüht im Mai, Eicheln (rechts) in flachen, glatten Bechern. Blätter (S. 24) 7–10 cm lang, gelegentlich nahe der Spitze gelappt. Die im Bild gezeigten Blätter sind an der Basis breiter als gewöhnlich.

Leas Bastard-Eiche

Quercus x *leana*
Sommergrün, eine natürliche Kreuzung zwischen *Q. imbricaria* und *Q. velutina* in den südöstlichen USA, in einigen europäischen Arboreten angebaut. Höhe bis 20 m. Eicheln (rechts außen) fallen im Oktober ab. Blätter (S. 49) sind sehr variabel in Form und Behaarung.

Libanon-Eiche

Quercus libani
Sommergrün, heimisch in Syrien, Libanon und Kleinasien, ein hübscher Baum, in der Natur weniger häufig als in Arboreten und Parks. Höhe bis 21 m. Blüten (rechts) erscheinen bei Laubausbruch im März bis April, weibliche Blüten in den Blattachseln. Die Eicheln (rechts außen) sind 2,5 cm lang und fallen im Oktober ab. Die sehr charakteristischen Blätter (S. 26) sind 5–10 cm lang.

Ludwigs-Eiche

Quercus x *ludoviciana*
Sommergrün, eine natürliche Hybride zwischen *Q. phellos* und wahrscheinlich *Q. falcata* var. *pagodifolia*. Entstanden in Louisiana. Blätter sind sehr variabel, bis 18 cm lang (S. 48).

Kaukasische Eiche

Quercus macranthera
Sommergrün, heimisch im Kaukasus und
nördlichen Iran, nicht sehr häufig, nur
in Arboreten angebaut. Höhe bis 25 m.
Blüht im Mai. Eicheln (rechts) bis 3 cm
lang, fallen im Oktober ab. Blätter (S. 49)
bis 15 cm lang.

Moosbecher-Eiche

Quercus macrocarpa
Sommergrün, heimisch im östlichen
Nordamerika vom tiefen Süden bis weit
in den Norden. Das Holz ist stark und
dauerhaft. Höhe bis 50 m. Blüht im Mai,
Eicheln (rechts außen) sehr unterschiedlich
in der Größe, aber im Süden bis 5 cm lang,
Becher mit fransenförmigen ‚moosartigen‘
Spitzen am Rand. Blätter (S. 49) 10–25 cm
lang.

Schwarzer-Peter-Eiche

Quercus marilandica
Sommergrün, heimisch in den südöstlichen
und östlichen USA, unregelmäßig
wachsender Baum armer Böden, bis 10 m
hoch. Blüht (rechts) im späten Mai,
weibliche Blüten in den neuen Blattachseln.
Eicheln klein, 1,8 cm lang, Blätter (S. 49)
sehr charakteristisch, 7–18 cm lang.

Bambusblättrige Eiche

Quercus myrsinifolia
Immergrün, heimisch im südlichen China
und Japan, selten, angebaut nur in
Arboreten. Höhe bis 15 m, angebaut meist
buschig. Die jungen Blätter sind kräftig
purpurrot. Eicheln (rechts außen) klein,
1,8 cm lang, in Bechern mit auffälligen
konzentrischen Ringen. Blatt s. S. 26.

Quercus nigra, **Wasser-Eiche**
Sommergrün, heimisch in den südöstlichen
USA. Höhe bis 25 m. Die Blätter können
ähnlich *Q. marilandica* nach der Spitze
zu breiter werden oder ähnlich *Q. phellos*
lang und schmal sein. Die Blätter bleiben
grün und frisch am Baum bis Januar.

Nageleiche

Quercus palustris
Sommergrün, heimisch in den nordöstlichen
USA. In Arboreten angebaut. Höhe bis
etwa 25–30 m, Blüten (rechts) erscheinen
im Mai mit den leuchtendgelben Blättern,
die weiblichen Blüten stehen in den neuen
Blattachseln. Die Eicheln (rechts außen,
noch unreif im 1. Jahr) reifen im 2. Jahr,
1,2 cm lang und zu einem Drittel vom
Becher umschlossen. Blätter (S. 48) sind
tief gelappt, 7–13 cm lang, unterseits braune
Haarbüschel. Herbstfärbung (S. 189).

Traubeneiche
Wintereiche

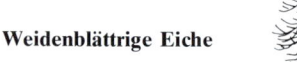

Quercus petraea, Syn. *Q. sessiliflora*
Sommergrün, heimisch in Europa und
Westasien. Holz wertvoll und vielseitig
verwendbar. Höhe bis 30–40 m, sehr
langlebig. Blüht (rechts) im Mai, weibliche
Blüten in den Blattachseln am Ende der
Jungtriebe. Eicheln (rechts außen) sitzend
im Gegensatz zu *Q. robur*. Eicheln 3 cm
lang, Schuppen am Becher zahlreicher
als bei *Q. robur*. Blätter (S. 48) 7–13 cm
lang, mit 1–3 cm langem Blattstiel, Nerven
vorwiegend in die Lappen verlaufend, im
Gegensatz zur *Q. robur*.

Weidenblättrige Eiche

Quercus phellos
Heimisch in den südöstlichen USA,
gewöhnlich sommergrün, aber im südlichen
Teil ihres Verbreitungsgebietes fast
halb-immergrün. Wächst in Feuchtland
meist in der Nähe von Wasserläufen oder
Sümpfen. Höhe 20–30 m. Blüht (rechts)
im Mai, weibliche Blüten in den
Blattachseln. Eicheln (rechts außen, schlecht
ausgebildete Exemplare) 1,2 cm lang, zu
weniger als der Hälfte vom Becher
umschlossen. Blätter (S. 24) bis 10 cm lang,
in der Form ähnlich Weidenblättern, bei
Laubausbruch gelb, dann leuchtendgrün,
im Herbst goldgelb und sehr dekorativ
(S. 189).

Armenische Eiche
Pontische Eiche

Quercus pontica
Sommergrün, heimisch im Kaukasus und
Nordostanatolien. Strauch oder kleiner
Baum bis 8 m hoch. Bemerkenswert sind
die großen, 10–20 cm langen Blätter (S. 29),
die an Walnußblätter erinnern. Eicheln,
2,5–4 cm lang, reifen zu einem dunklen
Mahagonirot. Herbstfärbung gelb (S. 189).

Kastanien-Eiche

Quercus prinus
Sommergrün, heimisch in den östlichen
USA, häufig auf felsigem Boden und daher
auch Felsen-Eiche genannt. Vielseitig
verwendbares, hartes Holz. Höhe bis 30 m.
Blüht (rechts) bei Laubausbruch im April,
früher als die meisten anderen Eichenarten.
Die Eicheln (rechts außen) sind 2,5–4 cm
lang und fallen im Oktober ab. Blätter
(S. 49) ähneln der Edelkastanie (*Castanea
sativa*), 15–20 cm lang, gleichmäßig gelappt,
oberseits dunkelgrün, unterseits silbrig-weiß
und dicht filzig behaart. Borke fast schwarz
und tiefrissig.

Haareiche
Flaumeiche

Quercus pubescens
Sommergrüner Baum, heimisch im südlichen
Europa, Westasien und im Kaukasus.
Raschwüchsig bis zu einer Höhe von 20 m.
Blüht (rechts) Ende Mai, die weiblichen
Blüten sitzen in den Blattachseln der
Jungtriebe. Eicheln (rechts außen), 2,5 cm
lang, fallen im Oktober ab. Blätter (S. 48)
sind zuerst behaart, werden oberseits glatt
und kahl während des Sommers, 5–9 cm
lang. Das Blatt auf S. 48 ist nicht typisch,
die Blätter in den beiden Abbildungen
rechts sind sehr viel typischer. Die
Winterknospen und Jungtriebe sind fein
behaart.

Pyrenäische Eiche

Quercus pyrenaica
Sommergrün, heimisch im südlichen Europa
und Marokko, gelegentlich in Arboreten
angebaut. Höhe bis 18 m. Blüht erst im
Juni, dann aber meist sehr reichlich.
Gleichzeitig erscheinen die sehr stark
behaarten Blätter (rechts), die weiblichen
Blüten stehen in den Blattachseln. Eicheln
(rechts außen) einzeln oder bis zu 5 gehäuft,
fast sitzend oder an aufrechtem, behaartem
Fruchtstiel, eiförmig-länglich, Becher mit
filzigen Schuppen. Blätter (S. 48) variabel,
6–20 cm lang mit 5–6 Einlappungen.
Blattstiel und Blattfläche dicht behaart,
oberseits langsam verkahlend.
Q. pyrenaica var. *pendula* mit hängenden
Zweigen und schmalen Blättern, häufiger
angebaut als die typische Form.

Stiel-Eiche

Quercus robur, Syn. *Q. pedunculata*
Sommergrün, fast ganz Europa, im Norden
bis Schottland, Südschweden und
Südfinnland, im Osten bis zum Ural, im
Süden Kaukasus und Kleinasien mit
Ausnahme der südrussischen Steppe, im
Süden Balkan, Italien, nördliches Spanien;
winterhärter und trockenresistenter als
die Trauben-Eiche und daher weiter
verbreitet. Im Mittelalter Grundlage der
Schweinemast und des Schiffbaus in Europa,
auch heute noch gesuchtes Nutzholz. Höhe
30–40 m, Krone unregelmäßig locker,
knorrig. Blüht (rechts) im Mai, Früchte
langgestielt, Eicheln (rechts außen) mit
hellen Längsstreifen, olivfarben, 1,8–3 cm
lang, fallen im Oktober ab. Blätter (S. 48)
10–13 cm lang, kurzgestielt, am Blattgrund
Öhrchen, Seitennerven in Buchten und
Lappen gehend (Unterscheidungsmerkmale
zu *Q. petraea*). Viele Sorten, z. B.: *Q. robur*
'Filicifolia', Blatt s. S. 48.
Q. robur f. *purpurascens*, Blatt s. S. 48.

Amberbaum
Liquidamber styraciflua
(S. 132)

Scharlacheiche
Quercus coccinea
(S. 182)

Gelbe Roßkastanie
Aesculus flava (S. 80)

Tulpenbaum
Liriodendron tulipifera
(S. 133)

Platane
Platanus acerifolia (S. 165)

Grossers Ahorn
Hers Ahorn
Acer grosseri var. *hersii* (S. 70)

Spitzahorn
Acer platanoides (S. 74)

Pontische Eiche
Quercus pontica
(S. 186)

Nageleiche
Quercus palustris (S. 185)

Weidenblättrige Eiche
Quercus phellos (S. 186)

Shumard-Eiche
Quercus shumardii. (S. 190)

Roteiche

Quercus rubra, Syn. *Q. borealis*
Sommergrün, weitverbreitet in den östlichen
USA vom mittleren Florida bis Kanada
und vom Atlantik bis zum Rand der Prärien.
Holz vielseitig verwendbar, aber weniger
wertvoll als bei *Q. petraea* und *Q. robur*.
Höhe bis 45 m, Stammdurchmesser bis
2 m. Blüht (rechts) im Mai, Eicheln (rechts
außen) breit-eiförmig, rotbraun glänzend,
mit Längsstreifen, am Grunde abgeflacht.
Becher kahl mit angedrückten Schuppen,
reift im 2. Jahr, 1,8 cm lang. Blätter (S. 48)
10–30 cm lang, erst leuchtend gelbgrün,
dann oberseits dunkelgrün, unterseits
hellgrün, im Herbst leuchtendrot bis
braunrot. Wegen ihrer günstigen
ökologischen Eigenschaften, schnellem
Wachstum und schönen Belaubung
weitverbreitet angebaut in Forsten, Gärten,
Parks und als Straßenbaum.

Shumard-Eiche

Quercus shumardii
Sommergrün, heimisch in den südöstlichen
USA, vor allem in Auewäldern des
Mississippi-Tales, wertvollste der
amerikanischen Roteichen. Höhe bis 35 m.
Blüht (rechts) bei Ausbruch der gelb-filzigen
Blätter im Mai, Eicheln (rechts außen)
2,5 cm lang. Die Blätter (S. 48)
unterschieden von *Q. rubra* und *Q. coccinea*
durch Büschel bleicher Härchen an der
Unterseite, Blätter 7–9 cm lang,
Herbstfärbung rot (S. 189).

Korkeiche

Quercus suber
Immergrün, heimisch im westlichen
Mittelmeergebiet, angebaut für die
Produktion von Kork im Heimatgebiet
und in Kalifornien, sonst in Arboreten.
Korkgewinnung durch Ablösen der Borke
in 10jährigem Umlauf, wirtschaftlich wichtig
in Spanien, Portugal und Nordafrika. Höhe
bis 20 m, oft buschig und knorrig. Blüht
(rechts) Mai bis Juni, weibliche Blüten
wie bei anderen Eichen in den Achseln
der Jungtriebe. Eicheln (rechts außen)
reifen im 1. Jahr, 1,2–3 cm lang, fallen
im Oktober ab. Blätter (S. 29) oberseits
glänzend dunkelgrün, unterseits grau-filzig,
2–7 cm lang.

Mazedonische Eiche

Quercus trojana, Syn. *Q. macedonica*
Immergrün, heimisch im südöstlichen Italien
und auf dem Balkan. Höhe bis 20 m, breit
ausladend. Blüht (rechts) bei Laubausbruch
im Mai, weibliche Blüten in den
Blattachseln. Eicheln (rechts außen),
1,8–3 cm lang, fallen im Oktober ab. Das
Blatt auf S. 49 ist nicht sehr typisch, die
Blätter in den Abbildungen rechts zeigen
die typische Form besser, vor allem die
eigentümliche Nervatur. Die Blätter sind
kahl und von Laubausbruch an grün, 3–7 cm
lang.

Turners Eiche

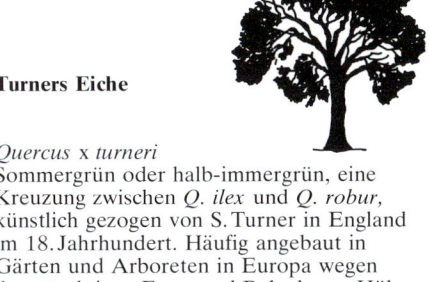

Quercus x *turneri*
Sommergrün oder halb-immergrün, eine
Kreuzung zwischen *Q. ilex* und *Q. robur,*
künstlich gezogen von S. Turner in England
im 18. Jahrhundert. Häufig angebaut in
Gärten und Arboreten in Europa wegen
der attraktiven Form und Belaubung, Höhe
bis 16 m. Blüht (rechts) Mai bis Juni,
weibliche Blüten in den Achseln der jungen
Blätter. Eicheln (rechts außen) ähnlich
Q. ilex, 1,8 cm lang, auf langen Stielen,
fallen im Oktober ab. Blätter (S. 49)
6–11 cm lang, bleiben am Baum bis
mindestens Februar, gelegentlich erst nach
Blattausbruch abfallend, wie an dem
abgebildeten Zweig zu erkennen ist.

Gelbeiche

Quercus velutina
Sommergrün, heimisch und zum Teil auf
trockenen Böden sehr häufig im östlichen
Nordamerika. Rinde und Splint sind gelb
und werden zur Gewinnung eines gelben
Färbemittels und von Gerbstoff verarbeitet.
Höhe 20–30 m. Blüht (rechts) bei
Laubausbruch im Mai bis Juni, weibliche
Blüten in den Blattachseln. Eicheln einzeln
oder paarweise, im 2. Herbst reifend, 1–2 cm
lang, oft behaart. Die Blätter sind sehr
variabel, das Beispiel auf S. 48 ist nicht
typisch und sollte dem Blatt von *Q. coccinea*
(S. 182 und 48) ähnlicher sein, wenn auch
an der Basis weniger tief querabgeschnitten.
Blätter dicklich-lederig, 12–30 cm lang,
anfangs sternhaarig, oberseits rasch
verkahlend und glänzend dunkelgrün,
unterseits mit bleibenden bräunlichen
Achselbärtchen und mattgelbgrün.

Essigbaum
Hirschkolben-Sumach

Rhus typhina; Familie Anacardiaceae
Sommergrüner kleiner Baum oder Strauch,
heimisch im östlichen Nordamerika,
verbreitet angebaut in Gärten und Parks
in Europa, vielfach verwildert. Höhe
3–12 m. Blüten (links außen) im Juni bis
Juli, zweihäusig, weibliche Blüten in dichten,
behaarten Kolben, 10–20 cm lang,
männliche Blütenstände lockerer. Frucht
(links) entsprechend in 10–20 cm langen
Fruchtständen, filzig-behaart, karmesinrot.
Blätter (S. 58) weich-filzig behaart,
Herbstfärbung hell-orange und besonders
bei weiblichen Pflanzen mit karmesinroten
Blütenständen farblich sehr wirkungsvoll.

Lack-Essigbaum

Rhus verniciflua
Sommergrüner Baum, heimisch im Himalaja
und China, in anderen Teilen Ostasiens
und gelegentlich in Europa angebaut. Der
giftige Saft wird in China und Japan zu
einem schwarzen Lack verarbeitet, das
aus den Früchten extrahierte Öl wurde
in China bei der Kerzenherstellung
verwendet. Höhe bis 20 m. Blüten (links
außen) im Juli in großen, offenen
Blütenständen bis 25 cm lang, Früchte
(links) 0,6 cm breit, reifen gelblich-braun.
Blätter (S. 58) gefiedert, 30–60 cm lang
mit 7–13 kurzstieligen Blättchen, unterseits
weich filzig.

Scheinakazie

Robinia pseudoacacia,
Familie Leguminosae
Sommergrüner Baum, heimisch im Osten
und Mittelwesten der USA, angebaut als
Zierbaum, in Schutzpflanzungen, auch
zur Holzerzeugung, verwildert auf Ödland
und an Bahndämmen. Höhe bis 25–30 m,
Wurzelbrut bildend. Weiße, duftende
Schmetterlingsblüten (rechts) in dichten
Trauben, 10–20 cm lang, Einzelblüten
1–2 cm lang. Schotenfrucht 5–11 cm lang,
4–8 nierenförmige, braune Samen, leere
Schoten verbleiben bis zum nächsten Jahr.
Unpaarige Fiederblätter (S. 57) 15–20 cm
lang, 7–19 Blättchen. Die Zweige tragen
kurze, kräftige Dornen. Rinde (S. 220)
dunkelbraun und tiefrissig. Zahlreiche
Garten-Sorten, darunter *R. pseudoacacia*
'Frisia' mit goldgelben Blättern.

Klebrige Scheinakazie

Robinia viscosa
Sommergrüner Baum, heimisch in Carolina
und in vielen Teilen der östlichen USA
verwildert, angebaut als Zierbaum in der
ganzen gemäßigten Klimazone. Höhe bis
12 m. Blüten (rechts) im Juni, schwach
duftend, Trauben 12 cm lang. Schotenfrucht
5–9 cm lang, Samen rotbraun. Jungtriebe,
Blattstiele, Blütentraubenstiele und Schoten
klebrig behaart, Dornen nur schwach
entwickelt. Blätter (S. 57) 17–30 cm lang,
8–21 Blättchen.

Salix, **Weide;** Familie Salicaceae
Vorwiegend sommergrüne Bäume und
Sträucher mit einfachen, wechselständigen,
meist schmalen Blättern, zweihäusig, mehr
oder weniger aufrechte Kätzchen, Früchte
kleine Kapseln mit vielen kleinen Samen,
die durch seidige Haarschöpfe vom Wind
verbreitet werden.

Silberweide

Salix alba
Weit verbreitet in Europa, Nordasien und
Nordafrika, vor allem an Flußufern. Meist
baumartig, Höhe 6–25 m. Blüht April
bis Mai, männliche Kätzchen (links außen)
6 cm lang, bogig, zylindrisch, gelb, weibliche
Kätzchen 5 cm lang (links), Samenflug
im Juni. Blätter (S. 25) 6–10 cm lang, zuerst
hellgrün, dann dunkelgrün, oberseits mit
weißen, seidigen Haaren, unterseits
weiß-filzig, Blattstiel ohne Höcker.

Salix babylonica, **Trauerweide**
Heimisch in China, angebaut in Gärten
und Parks der gesamten gemäßigten
Klimazone. Heute oft durch die Goldene
Trauerweide (*S.* x *chrysocoma*) ersetzt.
Höhe bis 10 m. Blüht April bis Mai,
männliche Kätzchen (links außen) gelb,
weibliche Kätzchen grün, 1,8 cm lang.
Die schmalen Blätter sind 7–18 cm lang,
zugespitzt, kahl, oberseits dunkelgrün,
unterseits etwas heller, Rand scharf gesägt.
Zweige gelb-grün oder braun, sehr lang
und hängend.

Salweide

Salix caprea
Kleiner Baum oder Strauch, heimisch von
Europa bis Nordostasien. Höhe bis 10 m,
oft buschig. Blüht (links) vor Laubausbruch
im März bis April, männliche Kätzchen
seidig-grau, dann gelb, weibliche Kätzchen
grün, beide 3 cm lang. Frucht grüne Kapseln,
Samenflug im Mai. Blätter (S. 32) ziemlich
breit, an roten, behaarten Stielen, oft recht
faltig, unterseits mit grauen, weichen
Haaren. Triebe anfangs grau behaart, später
glänzend rotbraun.

Goldene Trauerweide

Salix x *chrysocoma*
Syn. *S. alba* 'Tristis'
Eine Hybride, verbreitet in Parks und
Gärten angebaut. Höhe bis 20 m. Kätzchen,
gewöhnlich männliche (links außen), im
April, 7 cm lang und aufwärts gebogen,
gelegentlich kommen männliche und
weibliche Blüten in einem Blütenstand
vor. Blätter (S. 25) mit seidigen Haaren
auf beiden Seiten, heller als bei
S. babylonica. Zweige und Triebe sind
gelblich-braun-goldfarbig.

Aschweide

Salix cinerea
Kleiner Baum oder Strauch, heimisch in
Europa und Nordostasien. Höhe bis 10 m,
gewöhnlich kleiner. Kätzchen (links) im
März bis April, ähnlich *S. caprea,* aber
schlanker. Samenflug im Mai. Blätter (S. 25)
ähnlich wie bei *S. caprea,* aber schmaler
und weniger gewellt. Jungtriebe sind
braunhaarig. Hybridisiert spontan mit
S. caprea.

Knackweide

Salix fragilis
Heimisch in Europa und Westsibirien,
südlich des Irans, wächst an Flußufern.
Triebe knacken leicht an ihrer Basis ab,
daher der Name. Die abgesprungenen
Zweige schlagen unter günstigen
Bedingungen leicht Wurzeln, wodurch
sich die Art rasch entlang von Flußufern
verbreitet. Höhe bis 25 m. Kätzchen im
April, männliche Kätzchen (links außen)
gelb, 1,8–5 cm lang. Weibliche Kätzchen
grün, reife Fruchtkätzchen (links) 10 cm
lang, Samenflug im Mai. Blätter (S. 25)
schmal und am Rand grob gezähnt, anfangs
leicht behaart, später glänzend grün und
kahl.

Zickzackweide

Salix matsudana 'Tortuosa'
Eine Züchtung der seltenen Peking-Weide
(*S. matsudana*), verbreitet angebaut in
Straßen, Gärten und Parks. Höhe bis 12 m.
Die Kätzchen (links außen) sind weiblich
und blühen im April, 2 cm lang. Samenflug
im Juni. Blätter und Triebe (S. 25 und
links) sind eigenartig gedreht und
schlangenartig gebogen.

Schwarzweide

Salix nigra
Heimisch im östlichen Nordamerika. Höhe
bis 12 m. Kätzchen blühen im April,
männliche Kätzchen (links außen) gelb,
2,5–5 cm lang, weibliche Kätzchen grün,
gleich lang, Samenflug im Mai und Juni.
Blätter (links außen) schmal und dünn,
oft sichelförmig, oberseits hellgrün und
schwach glänzend, unterseits etwas matter,
grün und oft an den Nerven behaart.

Lorbeerweide

Salix pentandra
Heimisch in Mittel- und Nordeuropa und
Kleinasien, gelegentlich in Gärten und Parks
angebaut. Meist Strauch, selten Baum bis
10, maximal 20 m. Kätzchen (links) April
bis Mai, männliche Kätzchen goldgelb,
bis 6 cm lang, weibliche grün, schlanker
und kürzer. Fruchtkätzchen (Mitte links)
bis 10 cm, Samenflug im Juni. Blätter (S. 25)
dunkelgrün, schwach glänzend, 5–10 cm
lang, bis 3 cm breit.

Mandelweide

Salix triandra, Syn. *S. amygdalina*
Kleiner Baum oder Strauch, heimisch in
Europa, Westasien und Sibirien. Höhe
bis 10 m. Kätzchen im März bis April,
männliche schlank und gelb, weibliche
grün. Samenflug im Mai bis Juni, Blätter
(S. 25) schmal, feingesägt, oben dunkelgrün
und glänzend, kahl. Rinde in Schalen
ablösend.

Korbweide

Salix viminalis
Aufrechter Strauch oder kleiner Baum
bis 10 m. Verbreitet in Europa bis
Nordostasien. Kätzchen April bis Mai,
männliche (links) seidig-grau mit gelben
Staubgefäßen, 2 cm lang, weibliche grün,
Samenflug im Juni. Blätter (S. 24) schmal,
mit eingerolltem Rand, oberseits stumpf-
grün, unten seidig-silbergrau behaart.

Schwarzer Holunder
Holler

Sambucus nigra; Familie Caprifoliaceae
Sommergrüner Strauch, seltener Baum,
heimisch in Europa, Nordafrika, Westasien,
in Gehölzen, Gebüschen und auf Ödland.
Blüten und Früchte in der Hausmedizin
gegen Erkältungen verwendet. Höhe bis
10 m. Blüten (rechts) Juni, 0,6 cm breit,
in bis 20 cm breiten, flachen Doldenrispen.
Frucht (rechts außen) reift August bis
September, 0,6 cm breit, eßbar, vitaminreich.
Blätter (S. 53) gefiedert, Blättchen 5–7,
gezähnt, Zweige grau, dicht mit großen
Lenticellen bedeckt, unangenehm riechend,
Mark weiß, schwammig.

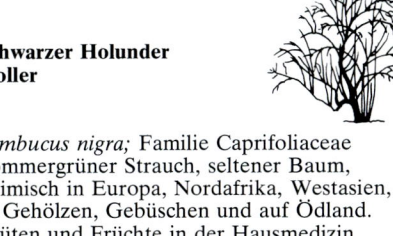

Sassafras albidum, **Sassafras;** Familie Lauraceae
Hoher, sommergrüner Baum, heimisch in den östlichen USA. Holz und Rinde wohlriechend, ölhaltig. Höhe bis 25 m. Zweihäusig, Blüten klein, gelblich, in lockeren Doldenbüscheln. Früchte oval, dunkelblau, 1 cm lang. Blätter (S. 47) ungeteilt oder zwei- bis dreilappig, Herbstfärbung gelb und orange, scharf süßlich duftend.

Prinz-Albert-Eibe

Saxegothaea conspicua; Familie Podocarpaceae
Immergrüner Nadelbaum, heimisch in Chile und Argentinien. Buschig oder schlank baumartig mit hängenden Ästen, bis 20 m hoch. Blüten (links außen) im Mai, männliche Blüten kräftig rötlich-purpur, 0,2 cm lang; weibliche Blüten hellbläulich-grün, einhäusig. Zapfen bläulich-grün (links), 1,2 cm lang. Nadeln (S. 13) flach, steif und gebogen mit scharfer Spitze, 2 weißliche Stomatastreifen unten.

Schirmtanne

Sciadopitys verticillata; Familie Taxodiaceae
Immergrüner Nadelbaum, heimisch in Japan in der Kastanienregion, vereinzelt angebaut in Gärten. Höhe 20–30 (bis 40) m. Blüten (rechts) im April bis Mai, männliche gelb, 1,2 cm lang, in Büscheln am Triebende, weibliche dunkel. Zapfen (rechts außen) 7–10 cm lang, Samen- und Deckschuppe verwachsen, Rand der Samenschuppen zurückgerollt, Reife im 2. Jahr, öffnen sich und zerfallen am Baum. Nadeln als verwachsene Doppelnadeln (S. 18), quirlständig und schirmförmig ausgebreitet, 6–15 cm lang, glänzend grün. Rinde rötlich-braun, in langen Streifen abrollend, Holz weiß, elastisch, vielseitig verwendbar und wertvoll.

Küstensequoie

Sequoia sempervirens; Familie Taxodiaceae
Immergrüner Nadelbaum, heimisch im pazifischen Küstengebiet im südlichen Oregon und in Kalifornien. Bedeutender Nutzholzbaum, in Europa gelegentlich in Gärten und Parks als Zierbaum angebaut. Höhe 70–90 m, maximal über 110 m, Alter bis über 2000 Jahre. Blüht (links außen) im Februar, männliche Blüten gelblich-braun, 0,6 cm lang, endständig, weibliche Blüten grün. Zapfen (links) 1,5–2 cm lang, reif holzig-braun. Nadeln eibenähnlich, zweizeilig gescheitelt (S. 13), an fertilen Zweigen kurz, fast schuppenförmig, allseits abstehend. Die Rinde (S. 220) ist stark längsrissig, rötlich-braun, weich und schuppig.

Mammutbaum

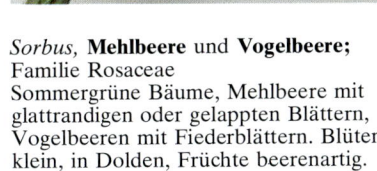

Sequoiadendron giganteum,
Syn. *Sequoia gigantea, Wellingtonia g.*
Familie Taxodiaceae
Immergrüner Baum der Sierra Nevada.
Als Zierbaum angebaut. Höhe 65 m, ca.
4000 Jahre alt. Einhäusig, männliche Blüten
gelb (rechts), weibliche grün (rechts außen).
Zapfen 5–6 cm lang, dornige
Schuppenschilder, 1,5 cm lang, Samenreife
im 1. Jahr. Nadeln (S. 12) 0,5 cm lang,
dreizeilig, an fertilen Zweigen mehr
schuppenförmig.
Sophora japonica, **Pagoda-Baum;** Familie
Leguminosae. Heimat: China. Höhe bis
25 m. Blatt S. 57, Blüten weiß, in großen
Trauben.

Sorbus, **Mehlbeere** und **Vogelbeere;**
Familie Rosaceae
Sommergrüne Bäume, Mehlbeere mit
glattrandigen oder gelappten Blättern,
Vogelbeeren mit Fiederblättern. Blüten
klein, in Dolden, Früchte beerenartig.

Amerikanische Bergvogelbeere

Sorbus americana
Heimisch im östlichen Nordamerika, wegen
der dekorativen Früchte und Herbstfärbung
in Gärten und Parks angepflanzt. Die
Früchte wurden in der Hausmedizin
verwendet. Höhe bis 10 m. Oft buschig.
Blüte im Mai (links außen), 0,3 cm breit,
in Dolden bis 10 cm breit. Frucht (links)
0,6 cm groß. Blätter (S. 56) mit 11–17
Fiederblättchen, Mittelrippe grün bis rot,
Herbstfärbung hellgelb.

Mehlbeere

Sorbus aria
Heimisch im mittleren und südlichen
Europa, besonders auf Kalkboden. Vielfach
als Zierbaum in Parks, Gärten und an
Straßen angebaut. Viele Kultursorten.
Höhe 3–10, maximal 25 m. Blüte (links
außen) im Mai, 1,2 cm breit, in
schirmförmigen Rispen, im September
mehlige, fade schmeckende, rote Beeren.
Blatt (S. 34) unregelmäßig doppelt gesägt,
oberseits dunkelgrün, unterseits
mehlweiß-filzig. Herbstfärbung gelb und
braun.

Vogelbeere

Sorbus aucuparia
Heimisch in Europa, Nordafrika und
Kleinasien, charakteristischer Baum der
Mittelgebirge und verbreitet angepflanzt
in Gärten, Parks und entlang von Straßen.
Die Beerenfrüchte wurden in der
Hausmedizin und zur Herstellung von
Konfitüren verwendet. Höhe bis 15 m.
Blüht im Mai, Blüten (links außen) in
Doldentrauben, 10–15 cm breit. Früchte
(links) reifen scharlachrot im September,
eßbar. Unpaarig-gefiederte Blätter (S. 56),
9–15 Blättchen, gezähnt, sattgrün, nur
jung unterseits behaart. Blattknospen lang,
schlank und filzig-behaart. Rinde (S. 220)
glänzend grünlich-grau-braun mit Lenticellen
besetzt.

Japanische Vogelbeere

Sorbus commixta
Heimisch in Japan, Korea und Sachalin,
gelegentlich in Gärten und an Straßen
angebaut. Höhe bis 15 m. Blüten (links
außen) im Mai in Doldentrauben, 8 cm
breit. Früchte 0,8 cm breit, reifen leuchtend
orange-rot im August bis September. Die
Fiederblätter (S. 56) mit 11–15 Blättchen,
oberseits dunkelgrün, unterseits
weißlich-filzig behaart. Herbstfärbung
tiefpurpurn, dann rot. Ein gutes
Erkennungsmerkmal ist die spitze, glänzend
rote Blattknospe, 1 cm lang.

Speierling

Sorbus domestica
Heimisch in Südeuropa, Nordafrika und
Westasien, häufig als Zierbaum und
Fruchtbaum angepflanzt. Frucht sehr sauer,
aber genießbar im überreifen Zustand
oder nach Frost, zur Herstellung von Bier
verwendet. Höhe 10–18 m. Blüten (links
außen) im Mai, 1,2 cm breit, in
Doldentrauben bis 10 cm breit. Frucht
(links) 2,5 cm lang, reif grünlich-rot bis
braunrot. Fiederblätter (S. 56) mit 11–21
Blättchen, unpaarig, ungezähnt,
weißlich-wollig, später verkahlend, grün
bis gelblich-grün. Knospen kahl, gelbgrün
und klebrig. Rinde dunkelbraun und
grauschwarz, schuppig gefleckt.

Chinesische Scharlach-Vogelbeere

Sorbus 'Embley', Syn *S. discolor*
Eine in China gezüchtete Form, in Parks,
Gärten und an Straßen angepflanzt. Höhe
bis 15 m. Blüten (links außen) im Mai
in Doldentrauben. Früchte reifen orange-rot
im September. Fiederblätter (S. 56) mit
11–15 Blättchen, unterseits kahl.
Herbstfärbung (links) scharlachrot, später
dunkelpurpur, in umgekehrter Folge als
bei *S. commixta,* Blätter verbleiben ziemlich
lange am Baum. Blattknospen 1,2 cm lang
oder länger, mit tiefroter Spitze.

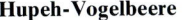

Hupeh-Vogelbeere

Sorbus hupehensis
Heimisch im westlichen China, in Europa
in Gärten und Parks angebaut. Höhe bis
15 m. Blüten (links außen) 0,8 cm breit
mit rötlich-purpurfarbenen Staubgefäßen
in Doldentrauben, 7–15 cm breit, im Mai.
Früchte (links), 0,6 cm breit, reifen weiß
oder rosa im September und bleiben bis
spät im Winter am Baum. Fiederblätter
(S. 56) mit 11–13 dunkelbläulich-grünen
Blättchen, gezähnt nur an der Spitze,
Mittelrippe rot und gerieft. Herbstfärbung
rot.

Schwedische Mehlbeere

Sorbus intermedia, Syn. *S. scandica*
Heimisch in Skandinavien, Finnland und
den baltischen Staaten sowie in
Nordostdeutschland. Beliebter Zierbaum
im nördlichen Europa, in Gärten und Parks,
widerstandsfähig gegen Luftverschmutzung
und daher besonders geeignet als Stadt-
und Straßenbaum. Höhe bis 10 m. Blüten
(links außen) im Mai, 1,2 cm breit mit
hellrötlichen Staubgefäßen, in filzigen
Doldenrispen, 7–10 cm breit. Früchte (links)
1,2 cm breit, glänzend grün, reifen orange-
bis scharlachrot im September. Blätter
(S. 47) fiederartig gelappt, dunkelgrün,
unten weiß-grau-filzig, Lappen gesägt.
Blattknospen grün oder dunkelrötlich-braun
mit grauer Behaarung.

Vogelbeere

Sorbus 'Joseph Rock'
Ein Zierbaum aus China, gelegentlich in
Gärten angebaut. Höhe bis 10 m. Blüht
im Mai, Frucht (links außen) reift goldgelb
und bleibt während des Winters am Baum.
Fiederblätter (S. 56) mit 15–19 Blättchen,
Herbstfarbe Orange-Rot und Purpur (links)

Fontainebleau-Speierling

Sorbus latifolia
Heimisch in Mittel- und Westeuropa.
Vermutlich eine Hybride zwischen dem
Speierling *(S. torminalis)* und einer
Mehlbeerenart. Höhe bis 18 m. Blüten
(links außen) im Mai auf haarigen Stielen,
Früchte (links) reifen gefleckt braun im
September. Blätter (S. 47) sind breiter
als bei anderen Mehlbeerarten, flache
Einlappungen in der Blattmitte, oberseits
dunkelgrün, unterseits weiß-filzig,
Mittelrippe und Stiel haarig. Borke
dunkelbraun, schilferig abfallend.

Pyrenäen-Mehlbeere

Sorbus mougeotii
Heimisch in den Westalpen und Pyrenäen,
kommt als Strauch oder kleiner Baum
auf Berghängen in den Hochlagen vor.
Blüte (links außen) im Mai, 1,2 cm breit.
Früchte (links) reifen im September, etwas
gefleckt. Blätter (S. 47) sind schmaler und
tiefer gelappt als bei *S. latifolia;* oberseits
glänzend dunkelgrün, unterseits weiß-filzig.

Sargent-Vogelbeere

Sorbus sargentiana
Heimisch im westlichen China, angebaut
in Gärten und Parks, oft auf die Gemeine
Vogelbeere *(S. aucuparia)* gepfropft. Höhe
bis 10 m. Blüht (links außen) im Juni in
Doldentrauben mit 15–20 cm Durchmesser
(der Blütenstand in der Abbildung ist
erheblich kleiner). Die Blütenstengel sind
weiß behaart. Frucht (links) 0,6 cm breit,
in großen Trauben. Fiederblatt (S. 55)
größer als bei der Gemeinen Vogelbeere
(S. aucuparia) und bis 35 cm lang mit 7–11
Blättchen. Herbstfarbe leuchtend
Scharlachrot und Orange. Blattknospen
tiefrot und glänzend, mit Harztropfen
bedeckt.

Speierling-Hybride

Sorbus x *thuringiaca*
Eine Kreuzung zwischen *S. aria* und
S. aucuparia, gelegentlich in Gärten und
an Straßen angepflanzt. Höhe bis 12 m
Blüte (links außen) im Mai, 1,2 cm breit,
in 6–10 cm breiten Doldentrauben mit
behaarten Stengeln. Früchte (links) 1,2 cm
breit, reifen im September, gelegentlich
gefleckt. Fiederblätter (S. 47) tief gelappt
mit 1–4 Fiederblattpaaren an der Basis,
oberseits dunkelgrün, unterseits weiß-filzig.
Blattknospe 0,8 cm lang, dunkelrot-braun.
Die Rinde ist glatt, stumpfgrau mit flachen
Rispen.

Elsbeere

Sorbus torminalis
Heimisch in Europa, Nordafrika, Nahost
und im Kaukasus. Die Frucht ist sehr sauer,
aber im überreifen Zustand genießbar,
früher wurde sie in der Hausmedizin
verwendet. Höhe bis 25 m. Blüte (links
außen) im Mai, 1,2 cm breit, Blütenstand
locker, 10 cm breit, Blütenstengel behaart.
Frucht (links) 1,2 cm lang, gefleckt, reift
im September. Blätter (S. 47) von denen
anderer Sorbusarten unterschieden, in
der Form ahornähnlich, drei- bis fünfpaarig
gelappt, glänzend leuchtend grün auf beiden
Seiten, Herbstfärbung tiefrot. Die
Blattknospen sind rund, glänzend grün.
Die Rinde ist dunkelbraun oder grau, reißt
in schuppigen Platten.

Fox-Mehlbeere

Sorbus 'Wilfred Fox'
Eine Kreuzung zwischen Mehlbeere
(S. aria) und der Himalaja-Mehlbeere
(S. cuspidata), genannt nach dem Botaniker
Fox, der die Gattung *Sorbus* bearbeitet
hat. Höhe bis 12 m. Blüte (links außen)
im Mai, 1,8 cm breit, mit kräftigrosa
Staubgefäßen, Doldentrauben etwa 8 cm
breit. Frucht bis 2 cm breit, reift goldbraun
im September. Blätter (S. 34) sind flach
gelappt mit zwölf- bis fünfzehnpaarigen
Nerven. Oberseits verkahlend, dunkelgrün,
unterseits hellgrün und filzig. Blattknospen
oval, grün und braun. Rinde
dunkelpurpurgrau, feinschuppig.

Japanische Scheinkamelie

Stewartia pseudocamellia; Familie Theaceae
Sommergrüner Baum, heimisch in Japan,
gelegentlich in Gärten angebaut. Höhe
bis 20 m, gewöhnlich weniger. Blüte ähnlich
wie bei *S. sinensis,* 5 cm breit mit Büscheln
von leuchtendroten Staubgefäßen und
breiten Kronblättern mit welligem Rand.
Die Blütenknospen werden zwischen 2
rot-spitzigen Deckblättern angelegt und
brechen im Juli bis August auf. Blätter
(S. 26) oberseits stumpfgrün, unterseits
glänzend mit kleinen Haarbüscheln in den
Nervenachseln, glattrandig, gelegentlich
gewellt. Herbstfärbung gelb und scharlachrot
(rechts), Rinde orange-braun, beim
Abschälen wird hellorangefarbene neue
Rinde freigelegt (rechts außen).

Chinesische Scheinkamelie

Stewartia sinensis
Sommergrüner Baum, heimisch im mittleren
China, angebaut in Arboreten. Höhe bis
10 m. Die duftenden Blüten (rechts) öffnen
sich im Juli, 3,5–5 cm breit. Blütenknospe
umgeben von einem fünflappigen Deckblatt,
Lappenspitzen rot. Blätter (S. 26) größer
als bei *S. pseudocamellia,* beiderseits
leuchtend grün. Der rote Blattstiel ist
behaart und verfärbt sich karmesinrot im
Herbst. Rinde (S. 220)
dunkelkupferig-braun, abschilfernd, neue
Rinde glatt, hellgrau, grün oder cremig.

Schneeballbaum

Styrax japonica; Familie Styracaceae
Sommergrüner Baum, heimisch in China
und Japan, in Gärten als Zierbaum
angebaut. Höhe bis etwa 11 m. Blüten
(links außen) oft sehr zahlreich, die
Unterseiten der Zweige sind oft dicht
bedeckt mit Gruppen von 3–4 Blüten.
In der Abbildung ist nur eine Gruppe zu
sehen. Blüte im Juli, 2,5 cm breit. Frucht
(links) 1,2 cm lang, Blätter (S. 35)
feingezähnt, kurzstielig, oberseits glänzend,
unterseits stumpfer und mit kleinen
Haarbüscheln in den Blattachseln.

Großblättriger Schneeballbaum

Styrax obassia
Sommergrüner Baum, heimisch in Japan,
in Gärten weniger beliebt als *S. japonica.*
Höhe bis 14 m. Duftende Blüten (links
außen) im Juni, 2,5 cm breit, Blütenstände
bis 20 cm lang, vom Zweigende
herabhängend. Frucht (links) 1,8 cm lang,
bedeckt mit weichen, braunen Haaren.
Blätter (S. 39) fast rund mit ausgeprägter
Blattspitze an älteren Bäumen, oberseits
ziemlich behaart. Junge Bäume haben
oft Blätter mit Zähnung nahe der
Blattspitze.

Taiwania cryptomerioides, **Taiwanie**
Familie Taxodiaceae
Immergrüner Nadelbaum, heimisch in
Formosa, China und Burma. Höhe bis
14 m. Zapfen (nicht abgebildet) ähnlich
denen von *Cunninghamia lanceolata.*
Belaubung (S. 12) ähnlich wie bei
Cryptomeria japonica, aber Nadeln stärker
bläulich gefärbt und verengen sich von
der Basis bis zum scharfspitzigen Nadelende.

Sumpfzypresse

Taxodium distichum; Familie Taxodiaceae
Sommergrüne Konifere, in
Frischwassersümpfen der südöstlichen USA,
Atemwurzeln bildend. Angepflanzt in
Gärten und Parks. 30–50 m hoch. Pollenflug
im April, Blütenstände dann 10–30 cm
lang. Weibliche Blüten winzige, grüne
Zäpfchen, 0,2 cm lang (rechts, an der Basis
der männlichen Kätzchen). Zapfen (rechts
außen) 2,5 cm lang und breit, erst grün,
dann braun. Nadeln (S. 13) wechselständig,
zart, zweireihig, lichtgrün, Herbstfärbung
stumpf-orange bis gelb-braun, fallen samt
den jüngsten Trieben im Herbst ab. Triebe
wechselständig bis fast gegenständig. Rinde
(S. 220) rötlich-braun, feinrissig und faserig.
Stamm oft spannrückig mit starkem
Stammanlauf (vgl. *Metasequoia
glyptostroboides*).

Taxus, **Eibe;** Familie Taxaceae
Immergrüne, baumförmige oder buschige
Koniferen. Zweihäusig, Samen von
fleischigem Arillus halbumschlossen. Nadeln
flach und schmal.

Gemeine Eibe

Taxus baccata
Heimisch in Europa, im nördlichen
Kleinasien und westlichen Nordafrika.
Angebaut als Schutz, zur Zierde und als
grüne Skulptur. Blätter und Samen giftig,
Holz hart, dauerhaft und hochgeschätzt.
Höhe bis 25 m. Blüte (links außen) März
bis April, männliche Blüten gelb, 0,6 cm,
weibliche Blüten winzig und grün. Frucht
(links) 1,2 cm. Nadeln (S. 14)
zweigescheitelt, tannenähnlich, aber
zugespitzt. Rinde (S. 220) dunkelbraun
und rotbraun, in dünnen Streifen
abschilfernd.

Irische Eibe

T. baccata 'Fastigiata'
Eine Kulturform mit aufgerichteter
Verzweigung. Meist weiblich und vielfach
in Gärten und auf Friedhöfen angepflanzt.
T. baccata 'Fastigiata Aureomarginata',
Goldene Irische Eibe. Eine Form mit
goldfarbenen Jungtrieben (S. 14).
Ausschließlich männlich.
T. baccata 'Fructo-luteo', **Gelbfrüchtige
Eibe.** Eine Form mit orange-gelben Früchten
(links außen).
Taxus brevifolia, **Pazifische Eibe**
Heimisch an der pazifischen Küste von
Nordamerika. Höhe bis 12 m. Blüten ähnlich
wie bei *T. baccata,* Frucht mit rotem,
fleischigem Becher, Samen grün. Nadeln
(S. 14) oberseits dunkelgrün, unterseits
mittelgrün.

Chinesische Eibe

Taxus celebica
Heimisch in China, gelegentlich in
Arboreten angebaut. Höhe bis 8 m.
Männliche Blüten (links) 0,2 cm, verstreut
an den Unterseiten der Triebe, Pollenflug
Februar bis März. Früchte wenig zahlreich,
0,6 cm breit, grün mit dunkelgrüner Frucht,
selten reifend. Nadeln (S. 14) gelblich-grün
auf beiden Seiten, locker.

Japanische Eibe

Taxus cuspidata
Heimisch in Japan, in Europa in Arboreten
und vielfach in Gärten angepflanzt.
Ausladender, buschiger Baum bis 15 m.
Männliche Blüten (links außen) 0,2 cm,
Pollenflug Februar bis März. Weibliche
Blüten winzig und grün, ähnlich wie bei
T. baccata, Frucht eigentümlich (links),
0,8 cm, mit dunkelgrau-grünem Samen.
Nadeln (S. 14) gebogen oder gerade aufwärts
gerichtet, scharfspitzig, steif, oberseits
dunkelglänzend grün, unterseits
gelblich-grün.

Sporenblattbaum

Tetracentron sinense;
Familie Tetracentraceae
Sommergrüner Baum, heimisch in China,
in Arboreten und gelegentlich in Gärten
angebaut. Höhe bis 15 m. Blüten in
Kätzchen, 9–15 cm lang, die im Frühjahr
erscheinen und sich während des Sommers
allmählich vergrößern und öffnen. Die
Abbildung rechts zeigt die Kätzchen im
Mai, rechts außen im August. Blätter (S. 42)
ähnlich *Cercidiphyllum japonicum,* jedoch
wechselständig und von sporenartigen
Auswüchsen der Zweige und Äste
ausgehend.

Thuja, **Lebensbaum;** Familie Cupressaceae
Immergrüne, baum- oder strauchartige
Koniferen mit schuppenförmigen,
angepreßten Nadeln. Einhäusig, Zapfen
klein mit wenigen Schuppen und mit
geflügelten Samen.

Abendländischer Lebensbaum

Thuja occidentalis
Heimisch im östlichen Nordamerika, als
Zier- und Heckenpflanze in Nordamerika
und Europa angebaut. Zwergformen werden
häufiger angebaut als die typische Form.
Höhe bis 15 m. Blüten (links außen) im
März bis April, männliche Blüten dunkelrot,
weibliche Blüten dunkelbräunlich-gelb
(links außen, unten), beide 0,1 cm. Zapfen
(links) reifen von Gelb nach Grün, 1,2 cm
lang, 8–10 Schuppen. Nadeln (S. 10)
oberseits dunkelgrün, unterseits gelblich,
bei Zerreiben nach Apfel riechend.

Orientalischer Lebensbaum

Thuja orientalis
Heimisch in China, Turkistan, Korea, in
vielen Kulturformen in Japan, Europa
und Nordamerika angebaut. Höhe 18–30 m,
schmalkronig, Zweige vertikal orientiert.
Blüte (links außen) im März, männliche
Blüten dunkelgelb, weibliche Blüten stumpf
bläulich-grün, 0,1 cm. Zapfen (links) 1,8 cm,
gewöhnlich sechsnabeldornige Schuppen,
reifen von bereift Blau-grün zu Braun
und öffnen sich im Herbst.
Nadeln (S. 10) dunkelgrün auf beiden Seiten,
geruchlos.
T. orientalis 'Elegantissima' (links). Eine
kleinwüchsige Sorte mit aufgerichteten
Zweigen. Blätter sind im Sommer
goldspitzig, bleichen zu Grün während
des Winters. Ein geeigneter und beliebter
Baum für kleine Gärten oder für Kübel.

Riesenlebensbaum

Thuja plicata
Heimisch im westlichen Nordamerika,
bedeutender Nutzholzbaum. In Europa
angebaut zur Holzzucht, als Zier- und
Schutzpflanze und als Hecke. Höhe je
nach Standort 40 bis 70 m, maximal 90 m.
Blüte (links außen) im März, männliche
Blüten dunkelrot, hellgelb zur Zeit des
Pollenfluges, weibliche Blüten gelblich-grün,
beide 0,2 cm lang. Nadeln schuppenförmig
(S. 10), oberseits dunkelgrün, glänzend,
unterseits heller mit grauen Markierungen
(Spaltöffnungen), Geruch
aromatisch-fruchtig.

Japanischer Lebensbaum

Thuja standishii
Heimisch im mittleren Japan, angebaut
in Arboreten und Gärten. Höhe bis 20 m,
schmale, dichte Krone. Blüten (links außen)
im März, männliche dunkelrötlich, während
der Pollenausschüttung gelb, weibliche
bräunlich-grün, beide sehr klein, 0,1 cm
breit. Zapfen (links) 1,2 cm groß, 10–12
Schuppen, reifen von Leuchtendgrün zu
Dunkelbraun im gleichen Herbst. Nadeln
(S. 10) stumpf, gelblich-grün oder grau-grün,
unterseits grau-grüne Spaltöffnungsflecken,
schuppenblättrig, Kantenblätter stumpf
(bei *T. plicata* zugespitzt). Die Verzweigung
oft unregelmäßig, Triebe häufig sichelförmig
gebogen, beim Zerreiben zitronenartiger
Geruch.

Hiba-Lebensbaum

Thujopsis dolabrata; Familie Cupressaceae
Immergrüner Nadelbaum, heimisch in Japan,
mäßig winterhart, beliebter Parkbaum
auf guten Böden, schattenertragend, oft
nur strauchförmig. Höhe bis 20 m,
schmalkronig und langsam wüchsig. Blüht
im April bis Mai, männliche Blüten
dunkelschwärzlich-grün, weibliche
bläulich-grün, 0,1 cm lang. Zapfen (rechts
außen) 1,2–2 cm lang, 6–10 dornige
Schuppen, fleischig, reifen von
Bläulich-Grün nach Dunkelbläulich-Braun,
öffnen sich am Zweig, je Schuppe 4–5
schmal geflügelte Samen. Nadeln (S. 11)
breit eiförmige Schuppen, oberseits glänzend
grün, unterseits mit weißen Stomataflecken
und -bändern. Rinde (rechts)
dunkelrötlich-braun, in Streifen abschilfernd.

Tilia, **Linde;** Familie Tiliaceae
Sommergrüne Bäume, Blätter
wechselständig, zweiteilig, meist herzförmig
und gesägt, Blüten in Trugdolden, Stiel
meist zur Hälfte an einem zungenförmigen,
bleichgrünen Fruchtblatt angewachsen,
Frucht ein kleines, einsamiges Nüßchen.

Amerikanische Linde

Tilia americana
Heimisch im östlichen Nordamerika, als
Schatten- und Zierbaum, in Nordamerika
und Europa angebaut. Wichtiger
Honigbaum. Höhe 20–40 m. Blüht im
Juli, Blüten (links außen) 1,2 cm breit
an behaartem Stiel, Hochblatt bis 10 cm
lang. Frucht 0,3 cm breit, rippenlose, filzige
Nuß. Blätter (S. 41) breit eiförmig, bis
20 cm lang, symmetrischer als sonst bei
Linden üblich, Rand sägezähnig, oberseits
matt dunkelgrün und kahl, unterseits
mittelgrün, schwach glänzend, an den
Seitennerven Achselbärtchen. Rinde (links)
dunkelgrau-braun und grobrissig, Jungtriebe
glänzend rot, im 2. Jahr olivenrot bis grau.

Winterlinde

Tilia cordata, Syn. *T. parvifolia*
Heimisch in Europa, besonders im Osten,
im Kaukasus und Sibirien, häufig in Parks,
Gärten, an Straßen und auf Plätzen
angepflanzt. Wichtiger Honigbaum. Höhe
bis 30 m. Blüten (links außen) im Juli,
1,2 cm breit, in fünf- bis neunblütigen
Scheindolden, stark duftend. Frucht (links)
0,6 cm breit, schwach gerippt, zottig-filzig.
Blätter (S. 41) 3–6 cm lang, oberseits
sattgrün, unterseits heller bläulich-grün
und rotbraun gebärtet in den Nervenachseln
und an der Blattbasis. Rinde glatt, grau
bis dunkelgrau, im Alter mit großen Rispen
und Schuppen.

Krim-Linde

Tilia x *euchlora*
Vermutlich eine Kreuzung zwischen
T. cordata und *T. dasystila* aus dem
Kaukasus. In Europa in Parks, Gärten
und an Straßen angepflanzt. Großer Baum
mit überhängender Bezweigung, bis 20 m.
Blüten (links außen) im Juli, größer und
gelber als bei anderen Linden, 3–7 in
hängender Scheindolde, stark aromatisch
und auf Bienen betäubend wirkend. Frucht
(links) eiförmig, dicht zottig-filzig, 1,2 cm
lang. Blätter (S. 41) schief herzförmig,
feingesägt, bis 10 cm lang, glänzend
dunkelgrün, unterseits heller und braun
gebärtet in den Nervenachseln. Rinde glatt,
stumpf grau mit einigen tiefen Rissen.
Die Krim-Linde wird wegen ihrer
Widerstandsfähigkeit und glänzenden
Belaubung oft anderen Lindenarten
vorgezogen.

Zwischenlinde

Tilia x *europaea,* Syn. *T.* x *vulgaris,*
T. hollandica
Gilt als Kreuzung zwischen *T. cordata*
und *T. platyphyllos* und ist wahrscheinlich
in Holland natürlich entstanden. Bevorzugter
Straßenbaum und als Zierbaum in Parks
und Gärten, häufiger als einer der Eltern.
Höhe 30–40 m. Duftende Blüten (links
außen) im Juli in hängenden, vier- bis
elfblütigen Fruchtdolden. Frucht (links)
0,8 cm lang und filzig. Blätter (S. 41)
hellgrün und kahl außer unterseits in den
Nervenachseln, oft bedeckt von glänzendem
Harz oder Honigtau, der von Blattläusen
stammt. Ein gutes Erkennungsmerkmal sind
die zahlreichen Klebäste am Stamm, vor
allem an der Stammbasis, oft auf stark
ausgewucherten Stammrosen. Die Blätter
dieser Triebe sind oft sehr viel größer als
üblich.

Olivers Linde

Tilia oliveri
Heimisch in Mittelchina und gelegentlich
in Gärten und Arboreten in Europa
angebaut. Höhe bis 25 m. Blüten (links
außen) im Juni, große, hellgrüne
Hochblätter, 10 cm lang. Frucht (links)
1,2 cm breit, weich-filzig. Blätter (S. 41)
stumpf-grün, oberseits glatt, unterseits
silbrig behaart. Die Rinde ist glatt, grau,
mit dünnen, dunklen Streifen und
dreieckigen Einsenkungen an alten
Blattspuren.

Trauerlinde

Tilia petiolaris
Entweder heimisch im Kaukasus oder eine
Züchtung, in Gärten, Parks und an Straßen
angepflanzt. Höhe bis 25 m. Stark duftende
Blüten (links außen) im Juli, mit
betäubender Wirkung auf Bienen. Frucht
schwach fünffurchig, 1–2 cm lang, selten
mit keimfähigem Samen. Blätter (S. 41)
oberseits dunkelgrün, unterseits filzig,
Blattstiel filzig. Zweige überhängend, Rinde
dunkelgrau mit engen Furchen und Rispen.

Sommerlinde

Tilia platyphyllos
Heimisch in Europa und Kleinasien,
angepflanzt in Parks und Alleen. Höhe
30–40 m. Blüten (links) Ende Juni, 1–2 cm
breit. Frucht filzig behaart, drei- bis
fünfrippig, 1–2 cm groß. Blätter (S. 41)
lebhaft grün, unterseits heller und weich
behaart, besonders an der Mittelrippe,
in den Nervenachseln und am Blattstiel.
Rinde dunkelgrau mit engen Rissen und
Rippen.

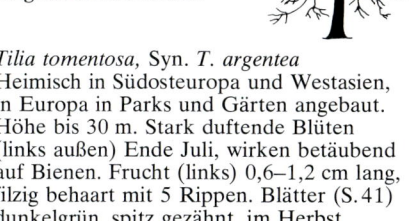

Ungarische Silberlinde

Tilia tomentosa, Syn. *T. argentea*
Heimisch in Südosteuropa und Westasien,
in Europa in Parks und Gärten angebaut.
Höhe bis 30 m. Stark duftende Blüten
(links außen) Ende Juli, wirken betäubend
auf Bienen. Frucht (links) 0,6–1,2 cm lang,
filzig behaart mit 5 Rippen. Blätter (S. 41)
dunkelgrün, spitz gezähnt, im Herbst
goldgelb, unterseits weiß-filzig. Rinde reifer
Bäume dunkelgrau und gerippt, rissig.

**Kalifornische Muskatnuß
Stinkeibe**

Torreya californica,
Syn. *T. myristica;*
Familie Taxaceae
Immergrüner Nadelbaum, heimisch in
Kalifornien, in Europa als Zierbaum
angebaut. Höhe bis 30 m. Männliche Blüten
(rechts) 0,8 cm lang, gelb während des
Pollenfluges im Juni, zweihäusig, weibliche
Blüten winzig, grün an der Triebbasis.
Frucht (rechts außen) 3–7 cm lang,
leuchtend grün mit purpurfarbenen Streifen,
enthält einen großen braunen Samen.
Blätter (S. 13) dunkelgelblich-grün 2 weiße
Bänder unterseits, Nadelende hart-spitzig.

Torreya nucifera, **Japanische Muskatnuß,
Nußeibe**
Kleiner Baum oder Strauch, heimisch in
Japan. Höhe bis 10 m. Männliche Blüten
eiförmig, hellgrün, 0,2 cm lang, weibliche
klein und grün. Frucht 2,5 cm breit, ähnlich
wie bei *T. californica,* Arillus grünbraun,
Kern fleischig-ölig. Blätter (S. 13) glänzend
dunkelgrün, 2 weiße Bänder unterseits,
duften charakteristisch.

Tsuga, **Hemlock;** Familie Pinaceae
Immergrüne Nadelbäume mit kleinen,
flachen Nadeln und kleinen, verholzten
Zapfen.

**Östliche Hemlock
Schierlingstanne**

Tsuga canadensis
Heimisch im nordöstlichen Nordamerika,
in Westeuropa in Gärten, Arboreten, Parks
und gelegentlich zur Holzzucht in Forsten
angebaut. Die Rinde ist sehr gerbstoffreich.
Höhe bis 20–30 m, selten bis 50 m. Blüten
(links außen) im Mai, männliche 0,3 cm
breit, grünlich-gelb, weibliche grünlich,
etwas größer. Zapfen (links) eiförmig,
gestielt, 1,2–2,5 cm lang, reift von Grün
nach Braun im Oktober. Nadeln (S. 14) flach,
auf der Zweigoberseite kürzer als unterseits,
10–15 mm lange Nadeln beiderseits vom
Zweig abstehend. Die kurzen Nadeln auf
der Zweigoberseite liegen mit der weißen
Unterseite nach oben.

210

Carolina-Hemlock

Tsuga caroliniana
Heimisch in den südöstlichen USA,
gelegentlich als Zierbaum in Nordamerika
und Westeuropa angepflanzt. Höhe bis
15 m. Blüten (links außen) Ende April,
männliche dunkelkarmesinrot, weibliche
blaß-rötlich-violett, beide 0,6 cm lang.
Zapfen (links) 2,5 cm lang, öffnen sich
bei der Reife. Nadeln (S. 14) stehen
unregelmäßig nach allen Seiten des Triebes
ab, enger als bei anderen Tsugaarten,
leuchtend weiße Stomatabänder unterseits.

Chinesischer Hemlock

Tsuga chinensis
Heimisch in Mittel- und Westchina, in
Arboreten angebaut. Höhe bis 12 m, auch
buschig. Blüten (links außen) Ende April,
männliche gelb mit purpurrot, weibliche
kräftig rötlichpurpur, beide 0,6 cm breit.
Zapfen (links) bis 2,5 cm lang,
dunkelpurpurrot, später braun. Nadeln
(S. 14) ähnlich wie bei *T. heterophylla,*
aber oberseits heller grün und unterseits
kräftiger grün.

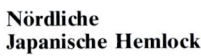

Nördliche Japanische Hemlock

Tsuga diversifolia,
Heimisch im mittleren und nördlichen
Japan, vor allem in den Bergen, angebaut
in botanischen Sammlungen und einigen
Gärten. Höhe bis 24 m, in Europa strauchig.
Blüten (links außen) im April, männliche
dunkelkarmesinrot, weibliche rosa, 0,3 cm.
Zapfen (links) 1,8 cm lang, reift von Grün
nach Braun. Nadeln (S. 14) dichtgepackt,
oberseits dunkelgrün mit 2 hellen, weißen
Streifen unterseits, Nadelspitzen
eingebuchtet.

Westliche Hemlock

Tsuga heterophylla
Heimisch an der pazifischen Küste von
Nordamerika, von Südalaska bis
Nordkalifornien bis in das Felsengebirge
im Inneren, bis 2300 m ü.d.M. Als
Zierbaum in Gärten und Parks angebaut,
in Europa weniger häufig als *T. canadensis*.
Höhe 40–60 m, Gipfeltrieb hängend,
Seitenzweige abstehend. Blüten (links
außen) Ende April bis Mai, männliche
dunkelkarmesinrot, weibliche rötlichpurpur,
beide 0,3 cm lang. Zapfen (links) fast
sitzend, 2,5 cm lang, reifen von
Bräunlich-Grün zu Braun. Nadeln (S. 14)
gescheitelt, aber auch nach oben und unten
gebogen, von unterschiedlicher Länge,
oberseits dunkelgrün, unterseits mit
undeutlichen Stomatastreifen, Spitze rund,
stark aromatisch. Rinde relativ dünn, grau,
fein längsrissig mit kleinen Borkenschuppen.

Berg-Hemlock

Tsuga mertensiana
Heimisch im westlichen Nordamerika in
den Bergen von Südalaska bis
Nordkalifornien, östlich bis Idaho und
Montana, von der Küste bis 3300 m
Seehöhe. Als Zierbaum angebaut in Gärten,
Parks und Arboreten. Höhe über 30 m
in Kahllagen, buschförmig an der
Baumgrenze. Blüten (links außen) Ende
April, männliche dunkelrosa-purpur, 0,3 cm
lang, weibliche dunkelviolett oder auch
gelblich-grün, etwas länger. Zapfen (links)
5–8 cm lang, reifen von Grün oder Purpur
nach Braun, öffnen sich am Zweig. Nadeln
(S. 14) am Trieb gehäuft und nach allen
Seiten abstehend, an der Spitze nicht
gekerbt, oberseits dunkelgrün, unterseits
graugrün oder gleichfarbig, 1,5–2,2 cm
lang, Triebe behaart.

Südliche
Japanische Hemlock

Tsuga sieboldii
Heimisch im südlichen Japan, mehr im
Tiefland, weniger hart als *T. diversifolia*.
Gelegentlich in Gärten und Parks angebaut.
Höhe bis 30 m, langsamwüchsig. Blüte
(links außen) im April, männliche
dunkelkarmesinrot, 0,2 cm, weibliche
blaßrötlich oder purpur, 0,4 cm lang,
hängend, Zapfen (links) 2,5 cm lang, reifen
von Grün nach Braun. Nadeln (S. 14)
ziemlich breit, Spitze gekerbt, 2 weiße
Längsstreifen unten. Die Benadelung sieht
weniger gleichmäßig aus als bei
T. diversifolia.

Ulmus, **Ulme;** Familie Ulmaceae
Sommergrüne Bäume, charakteristisch
die flache, scheibenförmige, reutige Frucht.
Same mehr oder weniger exzentrisch, Blätter
wechselständig, doppelt-sägezähnig, an
der Basis unsymmetrisch.

Ulmus americana, **Amerikanische Weißulme**
Wie alle anderen Ulmenarten nur im
östlichen Nordamerika vorkommend. Höhe
bis 40 m. Blüten im März an ungleich langen
Stielen. Frucht elliptisch, 1,2 cm lang, an
der Spitze gekerbt. Blätter (S. 33) oberseits
verkahlend, unterseits spärlich weißhaarig.

Bergulme

Ulmus glabra
Heimisch in Europa und Westasien,
besonders in Gebirgswäldern. Gutes
Nutzholz, als Zierbaum in Parks angebaut.
Höhe 10–30 (40) m. Blüten (oben, rechts)
im März vor Blattausbruch, zwitterig, in
Büscheln. Frucht (oben, rechts außen)
2–3 cm breit, Same in der Fruchtmitte,
reift blaßbraun im Juli. Blätter (S. 34)
oberseits grau, unterseits kurzhaarig, am
Grunde breit geöhrt, kurzgestielt. Rinde
glatt, grau und bräunlich-grau, an alten
Bäumen rissig und mit Furchen.

Camperdown-Ulme

Ulmus glabra 'Camperdown'
Vielfach in Europa in Städten, Parks und
Gärten, gelegentlich auch in den USA
angebaut. Höhe bis 12 m, knorriger Wuchs,
Krone pilzförmig. Blüten und Frucht (rechts
und rechts außen) ähnlich wie bei *U. glabra.*
Blätter größer als bei *U. glabra,* bis 20 cm
lang, oft stärker unsymmetrisch.

Ulmus x *hollandica* 'Hollandica', Syn.
U. major, **Holländische Ulme**
Ein Beispiel einer Gruppe von Hybriden
zwischen *U. glabra* und *U. minor.* Höhe
bis 35 m. Blüten Ende März, Früchte 1,8 cm
lang, Same randständig. Blätter (S. 34)
breit, mit dunkelgrüner, rauher Oberseite
und hellerer Unterseite mit behaarten
Nerven. Jungtriebe haarig, Rinde dunkelgrau
und abschilfernd.

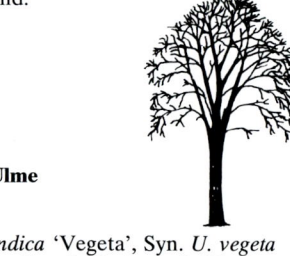

Huntingdon-Ulme

Ulmus x *hollandica* 'Vegeta', Syn. *U. vegeta*
Hybride, an Straßen, in Parks und Gärten
angepflanzt. Höhe bis 35 m mit
kugelförmiger Krone. Blüten (rechts)
Anfang April, Frucht (rechts außen) Ende
April, 1,8 cm lang, Same in der Mitte,
gewöhnlich mit einem rötlichen oder
karmesinroten Flecken. Blätter (S. 34)
länger und schmaler als bei *U.* x *hollandica*
'Hollandica' und länger gestielt (1,2–1,8 cm).
Blätter oberseits glatt und glänzend,
unterseits mit Haarbüscheln in den
Nervenachseln. Jungtriebe leuchtend grün
und nur wenig behaart. Borke ist grau
oder braun und gerieft.

Flatterulme

Ulmus laevis
Heimisch in Mitteleuropa und Westasien, angebaut in Arboreten und Parks. Höhe 20–35 m. Blüte (rechts) im März auf sehr langen Stielen flatternd. Frucht (rechts außen) im Mai, 1,2 cm breit, weißlich behaart am Rand, Same ziemlich in der Mitte. Blätter (S. 34) auffallend unsymmetrisch, oberseits etwas feinhaarig, unterseits stärker behaart. Rinde grau oder braun mit breiten Rippen und tiefen Rinnen, oft mit Büscheln von Wasserreisern.

Feldulme
Glattblättrige Ulme

Ulmus minor, Syn. *U. carpinifolia*
Heimisch in Europa, Nordafrika und Südwestostasien. Höhe bis 30 m mit aufrechten Zweigen, Krone kugelförmig. Blüten (rechts) im März, Frucht (rechts außen) 1,8 cm breit, Same nahe der eingekerbten Spitze. Blätter (S. 34) variabel, aber stets leuchtend, glänzend grün oberseits, feinbehaart in den Nervenachseln unterseits und am Blattstiel. Borke graubraun mit langen Rippen und Rinnen.
U. minor var. *cornubiensis,* **Kornische Ulme,** hat eine lockere, konische Krone und glänzende, grüne, löffelförmige Blätter, Höhe bis 35 m.
U. minor var. *sarniensis,* **Jersey-Ulme** oder **Wheatley-Ulme,** hat eine kompakte, gleichförmig konische Krone und dunkelgrüne Blätter, Höhe bis 38 m.

Englische Ulme

Ulmus procera, Syn. *U. campestris*
Heimisch in Großbritannien, früher weitverbreitet in Knicks, Feldgehölzen und Wäldern, angebaut in Parks und an Straßen, aber fast völlig vernichtet durch die Ulmenkrankheit und von anderen Arten ersetzt. Gutes und gesuchtes Nutzholz, vor allem für den Innenausbau von Häusern und zur Möbelherstellung. Höhe bis 40 m, Ausläufer und Wurzelschößling bildend, vor allem entlang von Knicks. Blüte (rechts) Ende Februar bis März, Frucht (rechts außen) April bis Mai, kleiner als bei *U. glabra,* Same nahe der Spitze. Blätter (S. 29) sehr unterschiedlich in der Form, oberseits dunkelgrün und grau, unterseits blaßfeinhaarig entlang der Mittelrippe, Blattstiel sehr kurz-feinhaarig. Rinde (S. 220) dunkelbraun und rissig mit kleinen, rechteckigen Platten. Viele lokale Formen kommen in Großbritannien vor.

Felsenulme

Ulmus thomasii, Syn. *U. razemosa*
Heimisch im nordöstlichen Nordamerika,
gelegentlich in botanischen Gärten in
Europa. Liefert das wertvollste Ulmenholz
der Welt. Höhe bis 30 m. Blüte (rechts)
im März in wenigblütigen, dünnstieligen
Trauben, 3–5 cm lang. Frucht (rechts)
1 × 2 cm, elliptisch, gekerbt, Same oberhalb
der Mitte. Reift im Mai. Blätter (S. 33)
beidseitig verkahlend, dunkelgrün, oberseits
glänzend, unterseits zerstreute, matte Haare.
Zweige gelegentlich mit Korkleisten. Rinde
dunkelbraun-grau, breitschuppige Rippen,
gefurcht, Innen-Rinde zitronengelb.

Kalifornischer Berglorbeer

Umbellularia californica; Familie Lauraceae
Einzige Art der Gattung, immergrüner
Strauch bis Kleinbaum, heimisch im
küstennahen Kalifornien, in warmen,
geschützten Lagen in Gärten und Arboreten
auch in Mitteleuropa. Blätter aromatisch,
sollen Kopfschmerzen erzeugen. Höhe
bis 20 m. Blüte (links außen) im Januar,
in kühlen Klimaten später, bis Mai,
grünlich-gelb, unbedeutend, 0,6 cm breit,
in Büscheln. Früchte (links) 2–3 cm lang,
reifen im August bis September, bei uns
nur ausnahmsweise. Blätter (S. 32)
dünn-lederartig, kahl, oben dunkelgrün,
unten heller bläulich-grün, ähnlich *Prunus
laurocerasus.* Vor Abfall im 2. Jahr gelb
oder orange verblassend.

**Gemeine Dornenesche
Amerikanisches Gelbholz**

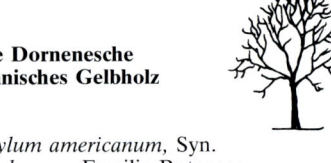

Zanthoxylum americanum, Syn.
Xanthoxylum a.; Familie Rutaceae
Sommergrüner Halbbaum oder Strauch,
heimisch im östlichen Nordamerika,
gelegentlich in Gärten und Parks in Europa.
Die Indianer sollen Triebe und Früchte
als Mittel gegen Zahnschmerzen gekaut
haben. Höhe bis 8 m als Baum. Blüte
(rechts) Mai bis Juni, unscheinbar. Frucht
(rechts außen) 0,6 cm lang, reift schwärzlich
im Herbst. Blätter (S. 55) unpaarig gefiedert,
5–11 Blättchen, aromatisch, ganzrandig
oder feinzähnig gekerbt. Junge Zweige
behaart, gepaarte Stacheln, 1 cm lang,
unter den Knospen.

Zelkova; Familie Ulmaceae

Eine kleine Gattung sommergrüner Bäume, in der gleichen Familie wie die Ulmen *(Ulmus)*. Äußerlich sind die Bäume beider Gattungen sehr ähnlich, *Zelkova* hat jedoch getrenntgeschlechtliche Blüten und kleine, steinfruchtartige Nüßchen.

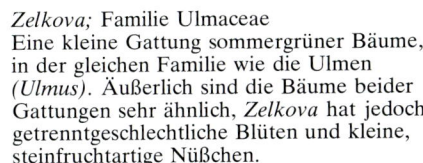

Kaukasische Zelkova

Zelkova carpinifolia

Heimisch in den Bergen des Kaukasus, angebaut in Parks, Gärten und Arboreten in Europa und Amerika. Höhe bis 35 m, oft mehrstämmig und stark verzweigt (s. o.). Blüte (links außen) im April, männliche Blüten 0,6 cm breite Büschel von Staubgefäßen, weibliche Blüten kleiner an der Spitze von Jungtrieben, beide in Blattachseln. Früchte (links) 0,6 cm lang, mit 4 Rippen. Blätter (S. 29) mit 6–12 Nervenpaaren, großkerbig gesägt, oben tiefgrün und etwas rauh, unten an den Nerven weich behaart. Stiel ca. 0,3 cm lang. Rinde (S. 220) glatt, schuppig aufbrechend und dabei gelbrötliche Ringe freilegend.

Japanische Zelkova

Zelkova serrata

Heimisch in Japan, angebaut in Gärten und Parks in Europa, Amerika und Ostasien. Härter als die Kaukasische Zelkova. Höhe bis 30 m. Blüte (links außen) April bis Mai, männliche Blüten 0,4 cm lang in basalen Blattachseln der Jungtriebe, weibliche Blüten kleiner, grün, im oberen Teil der Jungtriebe. Frucht schiefe Steinfrucht, 0,3–0,5 cm dick, breiter als hoch, grün. Blätter (S. 29) 6–9 cm lang, scharf gesägt, Zähne nach vorn gerichtet, 8–14 Nervenpaare, Blattstiel rötlich, 0,3–0,4 cm lang. Herbstfärbung gelb, orange und rötlich-braun. Rinde (links) glatt, später schuppig.

Die Baumrinde schließt den Holzkörper nach außen ab. Bei älteren Bäumen bildet sich eine oft rauhe, verkorkte Borke. Farbe und Form der Rinde und Borke sind oft gute Erkennungsmerkmale von Baumarten. Manche Rinden brechen in senkrechte Rippen auf (z.B. Eiche), andere bilden Platten (z.B. Platane) oder bleiben als Ganzes erhalten und schilfern außen mehr oder weniger dünn ab (z.B. Birke).

Das Aussehen der Rindenoberfläche wird von der Veranlagung des Baumes und von der Umwelt bestimmt.

Luftverschmutzung schwärzt die Rinde und tötet Moose und Flechten, die sehr üppig sein können. Trockene Standorte fördern die Verkorkung. Genetische Veranlagung führt zur Steinrinde bei der Buche und zu verschiedenen Borkentypen bei der Kiefer.

Die folgenden Farbbilder beschränken sich auf einige typische Rinden, deren Erkennung einfach ist.

Griechische Tanne *Abies cephalonica* (S. 61)

Nikko-Tanne *Abies homolepis* (S. 62)

Schlangenahorn *Acer capillipes* (S. 66)

Papierahorn *Acer griseum* (S. 69)

Roßkastanie *Aesculus hippocastanum* (S. 81)

Schwarzerle, Roterle *Alnus glutinosa* (S. 83)

Araukarie *Araucaria araucana* (S. 85)

Blaubirke *Betula coerulea-grandis* (S. 88)

Moorbirke *Betula pubescens* (S. 91)

Weißbuche *Carpinus betulus* (S. 93)

Eßkastanie *Castanea sativa* (S. 95)

Eingr. Weißdorn *Crataegus monogyna (S. 108)*

Winters Drimys *Drimys winteri* (S. 113)

Eukalyptus *Eucalyptus gunnii* (S. 114)

Ginkgobaum *Ginkgo biloba* (S. 120)

Christusdorn *Gleditsia triacanthos* (S. 121)

Gemeine Stechpalme *Ilex aquifolium* (S. 122)

Jap. Walnuß *Juglans ailantifolia* (S. 125)

Schwarznuß *Juglans nigra* (S. 125)

Europäische Lärche *Larix decidua* (S. 129)

Roblé-Südbuche *Nothofagus obliqua* (S. 142)

Parrotie *Parrotia persica* (S. 144)

Sitkafichte *Picea sitchensis* (S. 150)

Knopfzapfenkiefer *Pinus attenuata* (S. 153)

Weißborkenkiefer *Pinus bungeana* (S. 154)

Kiefer *Pinus nigra* ssp. *calabrica* (S. 159)

Seestrand-Kiefer *Pinus pinaster* (S. 160)

Pinie *Pinus pinea* (S. 160)

Gemeine Kiefer *Pinus sylvestris* (S. 162)

Gemeine Platane *Platanus acerifolia* (S. 165)

Graupappel *Populus canescens* (S. 167)

Mandschur. Kirsche *Prunus maackii* (S. 172)

Gemeine Birne *Pyrus communis* (S. 179)

Zerr-Eiche *Quercus cerris* (S. 181)

Stechpalmen-Eiche *Quercus ilex* (S. 183)

220

Korkeiche *Quercus suber* (S. 190)

Scheinakazie *Robinia pseudoacacia* (S. 192)

Küstensequoie *Sequoia sempervirens* (S. 196)

Vogelbeere *Sorbus aucuparia* (S. 198)

Scheinkamelie *Stewartia sinensis* (S. 202)

Sumpfzypresse *Taxodium distichum* (S. 203)

Gemeine Eibe *Taxus baccata* (S. 204)

Englische Ulme *Ulmus procera* (S. 213)

Kaukas. Zelkova *Zelkova carpinifolia* (S. 215)